W0321056

Dr. Philipp Lichtenauer

Ohne starke Nerven geht es nicht -
der erfolgreiche Weg vom Angestellten zum Unternehmer

REDLINE | VERLAG

PHILIPP LICHTENAUER

Ohne starke Nerven geht es nicht

– der erfolgreiche Weg vom Angestellten zum Unternehmer –

UNTERNEHMERWISSEN FÜR ANGEHENDE GRÜNDER UND INVESTOREN

Bibliografische Information der Deutschen Nationalbibliothek
Die Deutsche Nationalbibliothek verzeichnet diese Publikation in der Deutschen Nationalbibliografie. Detaillierte bibliografische Daten sind im Internet über http://dnb.d-nb.de abrufbar.

Für Fragen und Anregungen
info@redline-verlag.de

Wichtiger Hinweis
Ausschließlich zum Zweck der besseren Lesbarkeit wurde auf eine genderspezifische Schreibweise sowie eine Mehrfachbezeichnung verzichtet. Alle personenbezogenen Bezeichnungen sind somit geschlechtsneutral zu verstehen.

1. Auflage 2022
© 2022 by Redline Verlag, ein Imprint der Münchner Verlagsgruppe GmbH
Türkenstraße 89
80799 München
Tel.: 089 651285-0
Fax: 089 652096

Alle Rechte, insbesondere das Recht der Vervielfältigung und Verbreitung sowie der Übersetzung, vorbehalten. Kein Teil des Werkes darf in irgendeiner Form (durch Fotokopie, Mikrofilm oder ein anderes Verfahren) ohne schriftliche Genehmigung des Verlages reproduziert oder unter Verwendung elektronischer Systeme gespeichert, verarbeitet, vervielfältigt oder verbreitet werden.

Redaktion: Karla Seedorf
Umschlaggestaltung: Marc Fischer
Umschlagabbildung: Shutterstock/Smiling Stick Figure with Key and Lock
Layout: Tobias Prießner
Satz: Tobias Prießner
Druck: GGP Media GmbH, Pößneck
Printed in Germany

ISBN Print 978-3-86881-877-2
ISBN E-Book (PDF) 978-3-96267-395-6
ISBN E-Book (EPUB, Mobi) 978-3-36861-394-9

Wir produzieren nachhaltig
www.m-vg.de

Weitere Informationen zum Verlag finden Sie unter
www.redline-verlag.de
Beachten Sie auch unsere weiteren Verlage unter www.m-vg.de

INHALT

ABBILDUNGSVERZEICHNIS

VORWORT

Um es gleich vorneweg zu sagen, dann ist es raus:

»Gute Ideen allein reichen nicht. Nicht Ideen, sondern die kommerzielle Durchsetzung einer Idee, das ist eine Innovation.«

Diese Definition ist nicht von mir, sondern von einem, der nicht im ökonomischen Mainstream verhaftet war und sich sehr früh mit Innovation und Unternehmertum beschäftigt hat: Joseph Schumpeter.

Eine gute Idee führt nicht zwingend zu einem guten Geschäft und eine gute Idee ist deswegen auch per se keine Innovation. Wenn wir alles, was irgendwie ein bisschen anders erscheint, als Neuheit und als Innovation feiern, dann brauchen wir uns nicht wundern, dass viele Investoren sich zurückhalten und dass wir in Europa bei den derzeitigen Technologiewellen nicht vorne mitspielen, sondern sogar hinterherhinken. Wie gesagt, nicht jedes einigermaßen gut gelungene Technologieprojekt ist das Bombengeschäft der Zukunft.

Ich freue mich über jedes spannende Geschäft, das nicht nur aus einer »pfiffigen« Idee und einem hohen, weil gesellschaftlich relevanten, aber etwas diffusen Anwendungspotenzial besteht, sondern außerdem ausbalanciert ist; das nicht zu ehrgeizig dimensioniert ist, aber auch nicht zu konservativ, und damit sehr wahrscheinlich ein kommerzieller Erfolg wird.

Investoren reizt der Gedanke an ein gutes Geschäft ebenso wie eine »spannende«, geniale Idee. Ansonsten würden sie auf Bewährtes setzen und sich an der Börse oder im Immobilienmarkt engagieren.
Auch wenn viele angehende Unternehmer und Gründer, Menschen also mit Ideen und Expertise, wissen, wie sie einen *Elevator Pitch* anbringen, was das *Valley of Death* ist und wie ein guter *Businessplan* aussieht, gelingt es ihnen oft nicht, in klaren und einfachen Worten zu vermitteln: Wie soll das Geschäft konkret funktionieren? Dieses Zitat trifft es auf den Punkt: »Existenzgründer ohne unternehmerische Fähigkeit in den Markt zu locken, bedeutet letztlich, ihnen eine Eintrittskarte für das Drama *schöpferische Zerstörung* zu geben, bis hin zur möglichen persönlichen Insolvenz.« Es stammt von Jochen Röpke, einem der Pioniere in der ökonomischen Forschung zum Unternehmertum, mit Bezug auf Joseph Schumpeter.
Ich bin Philipp dankbar, dass er gleich zu Anfang dieses Buches Klarheit in einige fundamentale Begriffe oder Kategorien bringt. Was ist eine Idee, was ist ein Produkt und was ist ein Geschäft? Das mag zunächst banal klingen, aber wenn diese drei Begriffe nicht verstanden sind, dann strandet man mit hoher Wahrscheinlichkeit im *Valley of Death* oder, wie Philipp schreibt: »Die Faktor-14-Regel schlägt zu.« Er schreibt dies aufgrund seiner eigenen Erfahrungen als Unternehmer und Investor, aber auch als Ökonom.
Sind die Begriffe und Kategorien allen Beteiligten bewusst, sinkt die Wahrscheinlichkeit zu stranden dramatisch. Das bedeutet: Unser Investitionsrisiko ist deutlich niedriger, und das wiederum steigert die Bereitschaft, sich auch finanziell zu engagieren. Denn wie heißt es so schön? Das erste Bedürfnis des Unternehmers ist das Kreditbedürfnis.
Neben der Darlegung der Geschäftsidee, was meist noch recht einfach ist, ist eine gute Einschätzung der benötigten Ressourcen und ihrer Einsatzdauer wichtig. Ressourcen sind nicht nur Geld, sondern insbesondere Mit-

arbeiter, gegebenenfalls auch Maschinen, Werkzeuge, Räume oder IT-Infrastrukturen bis hin zur betriebswirtschaftlich notwendigen Infrastruktur wie Rechnungswesen, Buchhaltung und Liquiditätsmanagement. Da ein Aufstarten, ein Start-up, eines Geschäfts in jedem Fall sehr dynamisch, das heißt mit vielen Veränderungen in kurzer Zeit, abläuft, ist es zudem wichtig zu wissen, in welcher Phase sich das Unternehmen befindet. Mittlerweile ist die klassische Orientierung am Produktlebenszyklus glücklicherweise passé und genauere Ansätze sind bekannt, wie zum Beispiel der *Technology Adaption Life Cycle*. Nichtsdestotrotz wird meiner Einsicht nach oft die eigene Lage falsch eingeschätzt. Oft denkt man, man wäre weiter, als man wirklich ist. Auch hier bin ich Philipp dankbar, denn er macht es mir leichter, in unseren Invests auf diesen Zustand hinzuweisen. Ich lege meinen Unternehmern einfach dieses Buch vor.
Ein Wort noch:

Philipps Ansatz, die unternehmerischen Fähigkeiten von hoffentlich vielen Lesern und Menschen mit Ideen in den Mittelpunkt dieses Buches zu stellen, ist nicht nur essenziell für ein gutes und gelungenes Investment, sondern – das gefällt mir fast noch besser – für gutes und gelungenes Leben. Denn er zeigt, wie man sich über ganz konkrete Stufen selbst zu dem macht, was man sein und gestalten möchte. Die zentrale Aussage dieses Buches »Entrepreneurs are not born, they are made by themselves!« kann ich nur unterschreiben. Nicht nur die Geschäftsidee muss sich weiterentwickeln, sondern auch der Ideengeber und angehende Unternehmer. Dafür sind aber weder wir Investoren noch die Kunden oder die Lieferanten oder die Mitarbeiter zuständig, das muss der Unternehmer selbst vollbringen.
Diese Fähigkeit ist die wahre unternehmerische Fähigkeit und dafür braucht es ein gutes Nervengerüst.

Bernd Voshaar
Vorsitzender des Aufsichtsrates der Neuenhauser Unternehmensgruppe

EINLEITUNG

Drei Wege der Erkenntnis – mit wem besprechen Sie sich?

Ein altes chinesisches Sprichwort – es könnte auch ein indianisches oder indisches oder schweizerisches sein – besagt, dass es drei Wege der Erkenntnis gibt. Erstens den Weg des Nachdenkens, zweitens den Weg der Imitation und drittens den Weg der Erfahrung. Der erste Weg ist der edelste, der zweite der bequemste und der dritte der bitterste.

Wenn Sie in der Forschung oder Entwicklung tätig sind oder aus einem anderen Grund mit dem Aufbau eines neuen Geschäftsbereiches betraut sind und denken: »Ich habe da eine echt gute Idee, das müssten wir machen!«, und Sie zudem Experte in Ihrem Fachgebiet sind, dann ist dieses Buch für Sie, um nicht allzu oft auf dem dritten Weg zu wandeln. Denn hier geht es um Ihre (unternehmerischen) Fähigkeiten. Sie bekommen einen Leitfaden zur Entwicklung unternehmerischer Fähigkeiten. Dieser richtet sich an Wissensträger und andere Experten mit Erfahrung und Expertise, die eine Geschäftsidee erkennen und planen, diese umzusetzen, aber nicht gleich BWL studieren oder einen MBA machen wollen. Nehmen Sie es selbst in die Hand. Machen Sie aus Ihrer Expertise ein Geschäft, das auch wirklich Geld einbringt. Prüfen und entwickeln Sie die Fähigkeiten für Ihr Unternehmen und Ihr Geschäft!

Wir alle brauchen Sie. Unternehmer sind die Zukunft, wir brauchen mehr Unternehmer! Am Start wird Ihnen das jeder zurufen, das motiviert*. Sobald es aber eng wird – und das wird es –, sind Sie allein.

Als ich ins Unternehmerlager wechselte, hat mir meine Mutter damals die schlichte Frage gestellt: »Mit wem besprichst du dich?« Als ich dann meine Freunde und deren Berufe im Kopf durchging, merkte ich: Da ist kein Unternehmer dabei. Juristen, Anwälte, Steuerberater, Ärzte, Manager, Architekten, oft Berater, die unter anderem mit Unternehmern zu tun haben, aber kein Unternehmer in einer ähnlichen Situation. Denn, das habe ich schnell gemerkt, Unternehmer ist nicht gleich Unternehmer und Innovation ist nicht gleich Innovation.

Gute Berater sind sicherlich viel wert, oft auch gute und kluge Gesprächspartner und Sie werden deren professionelle Expertise zweifelsohne häufig benötigen, aber sie haben gänzlich andere Erfahrungswelten und zudem auch ein gewisses professionelles Interesse an Beratung. Mir hat es sehr geholfen, zu erfahren, dass meine Fragestellungen auch andere Unternehmer nachts wach halten. Getreu nach dem Motto des FC Liverpool: »You'll never walk alone.«

Auf der Suche nach Gesprächspartnern mit ähnlichen Erfahrungswelten bin ich Mitglied in einem Kreis von zwölf Unternehmern geworden. Beim ersten Treffen ging es schon gleich ans Eingemachte. Der damalige Gastgeber – wir haben uns immer bei einem Mitglied im Unternehmen getroffen – war gerade dabei, sich von seinem Gründungspartner zu trennen. Nicht nur die juristische Abwicklung, sondern vor allem die emotionale Bewertung machten dieses Treffen zu einem eindrucksvollen Erlebnis. Eine Ehescheidung scheint da einfacher vonstattenzugehen – all die Enttäuschungen auf der einen Seite und das schwierige Auseinanderdividieren der Unternehmensaktivitäten, denn der ehemalige Partner wollte in der-

* Auch mich als Unternehmer und als Autor dieses Buches.

selben Branche weitermachen, auf der andere Seite. Auf diesem Niveau ging es weiter. Unsere Themen waren: Wie geht man mit High Performern um? Ist es Verrat und Ausnutzen meines guten Willens, wenn die Mitarbeiter einen Betriebsrat gründen wollen? Was tun, wenn die Banken die Lust beziehungsweise das Vertrauen verlieren? Was tun, wenn die Vertrauensperson beziehungsweise ein zentraler Leistungsträger das Unternehmen verlässt? Was, wenn etwas in der Familie passiert?

Sie merken, Ihr Wechsel in das Unternehmerlager wird Sie als gesamten Menschen und Ihre ganze Persönlichkeit fordern. Aber nicht nur Sie, sondern auch Ihr direktes Umfeld. Diese Frage meiner Mutter war und ist fundamental. Wenn Sie wissen, mit wem Sie sich austauschen können, und auch wirklich diese für Sie so wertvollen Gespräche führen, ist schon sehr viel gewonnen.

In diesem Buch geht es um Ihr Unternehmen und Ihre Fähigkeiten für dieses, Ihr Unternehmen! Ihr Vorhaben, Unternehmer zu sein, wird in erster Linie ein emotionaler Ritt. Es hat vieles mit Leistungssport gemeinsam, aber es ist kein Sport und kein sportlicher Wettkampf. Es gibt keine Silbermedaillen, es ist immer Wettkampf und es geht immer um alles, ein immerwährendes Endspiel …

Ein Unternehmen zu führen ist weder Krieg noch eine militärische Operation, obwohl man sich auf diesem Feld durchaus Anregungen holen kann (Sun Tzu, Mark Aurel und deren Nachfolger). Bei militärischen Operationen geht es in der Regel darum, dem Gegner Schaden zuzufügen oder zu verhindern, dass einem selbst Schaden zugefügt wird – so die diplomatisch ausgedrückte Definition von militärischen Operationen. Nein, Unternehmen geht es um das Geschäft. Das heißt, sie schaffen etwas. Das ist genau das Gegenteil von militärischen Operationen. Ein Geschäft aufzubauen ist deswegen so wichtig, weil es anders als eine

Goodwill-Aktion darauf basiert, dass der Kunde wirklich überzeugt ist von dem, was das Unternehmen liefert, und bereit ist, dafür etwas von Wert herzugeben. Das ist der Sinn eines Geschäfts und deswegen sind Geschäfte nachhaltiger als beispielsweise eine politische Entscheidung oder eine gute Tat. Wird die politische Entscheidung aufgehoben, ändert man sein Verhalten. Das beste Beispiel hierfür sind Steuern. Eine gute Tat wird gerne empfangen, aber man ist nicht verpflichtet, sie zu erwidern, denn dann wäre es ja ein Geschäft.

Ein erfolgreiches Geschäft hingegen, seien es nun Brötchen oder ein anderes Gut, erfüllt ein Bedürfnis und deshalb kaufen die Leute das Produkt. Zum Aufbau eines erfolgreichen Unternehmens sind betriebswirtschaftliche Kenntnisse und/oder ein MBA (Master of Business Administration) hilfreich, sie reichen aber bei Weitem nicht aus.

Wenn mich Gründer fragen, was ich für die allerwichtigste Eigenschaft eines Unternehmers halte – lautet meine Antwort nicht Risikobereitschaft, nicht Eigeninitiative, nicht Leadership, sondern: die Fähigkeit, starken Druck auszuhalten oder ein stabiles Nervengerüst zu besitzen – daher der Titel dieses Buches.

Wiederum andere meinen, wie der Ökonom Edward Lezear, es sei wichtig, Erfahrungen in verschiedenen Positionen gemacht zu haben und dennoch jung (genug) zu sein: *»A broader skill set leads to entrepreneurship«*, also die Fähigkeit, Skills, Fähigkeiten, zu erwerben.

Ein schlauer Kopf hat mal gesagt: *Entrepreneurs are very good learners*. Das bedeutet aber zunächst vor allem, mit Nichtwissen umgehen zu können. Wenn Sie so wollen, ist der Schlüssel zum Erfolg, mit Nichtwissen umgehen zu können, es zu ertragen, dass alle um einen herum genau wissen beziehungsweise meinen zu wissen, was zu tun sei. Auch hier brauchen Sie ein starkes Nervenkostüm, denn Sie müssen darauf vertrauen, die Fähigkeit zu haben, alle erforderlichen Skills zu erwerben. Wenn Sie zudem Freude daran haben, diese Fähigkeiten zu nutzen, dann befinden

Sie sich in der Gestalterrolle, Ihrer Rolle. Diese Fähigkeiten umfassen nicht nur die Persönlichkeitsentwicklung, sondern auch das Aneignen von Fachwissen und anderen Skills wie neue Sprachen oder Ähnliches. Kurz: Ein stabiles Nervenkostüm ist die Grundlage Ihres Selbstvertrauens, die relevanten Fähigkeiten zu erwerben, die Sie benötigen, um Ihr Unternehmen zu gestalten.

Dieses Buch folgt dem Ansatz: *Entrepreneuers are not born, they are made – by themselves.* Jochen Röpke nennt dies in seinem wegweisenden, aber zugegebenermaßen auch sehr anspruchsvollen Buch *Autopoesis* die Fähigkeit, sich aus sich selbst heraus zu entwickeln. Ähnliches hat dies Jens Corssen mit seinem Ansatz »Der Selbstentwickler« operativ vorgemacht. Beide Autoren sind eine große Inspiration für mich. Und das wiederum bedeutet auch Lernen über sich selbst, die Fähigkeit zur Selbstreflexion. Kurzum, es geht darum, unter Druck mit einem stabilen Nervenkostüm mit Nichtwissen umzugehen und gleichzeitig die eigene Unternehmensvorstellung in die Tat umsetzen. Dabei hört der Unternehmer nie auf, zu lernen. Oder noch prägnanter: Erkennen und Machen, das ist Unternehmertum und dafür braucht es ein stabiles Nervenkostüm und gute Gesprächspartner, aber keine Berater. Denn – wie Joseph Schumpeter schrieb – die Überwindung der sich aus der Durchsetzung der Erkenntnis oder Idee ergebenden Schwierigkeiten ist die funktionale Leistung des (innovativen) Unternehmers.

Was ich Ihnen unbedingt mit auf den Weg geben möchte: Die meisten Ihrer alten Freunde werden vielleicht Ihr künftiges Leben nicht mehr nachvollziehen können oder wollen. Manche werden Sie nicht verstehen und wenden sich von Ihnen ab. Gerade wenn es richtig schwierig wird. Die meisten Menschen haben ein sehr diffuses Bild davon, was ein Unternehmer ist. Es hilft zu wissen, dass es bei Unternehmern grob drei verschiedene Erlebniswelten gibt. Dieses Phänomen ist kaum jemandem bekannt. Das macht die Kommunikation mit Außenstehenden mühsam, insbesondere für Innovatoren, die mit sogenannten klassischen Unternehmern beziehungsweise deren Dienstleistern wie Steuerberatern, Rechtsanwälten, Bankern et cetera zu tun haben. Seien Sie daher nicht enttäuscht, wenn alte Weggefährten Sie zunächst nicht verstehen. Auf keinen Fall dürfen Sie die jeweiligen Erlebniswelten miteinander vergleichen. Am Anfang, in der Gründungsphase, wird man Sie hochleben lassen. Sobald Sie erste, wenn auch kleine Erfolge vorweisen können, wird man Sie – gerade nach der Gründungsphase – nicht mehr lieben. Vielmehr wird man im Gegenteil versuchen, Sie zu behindern, wo es nur geht, da Sie stören. Nehmen Sie das als Ansporn: Jetzt sind Sie auf dem richtigen Weg.

Auch ich gehöre zu den Zwergen, die auf den Schultern von Riesen stehen und von der guten Aussicht berichten. Viele der Gedanken, die ich hier vorstelle, kommen zum größten Teil aus vier Quellen. Von Jochen Röpke und seinem sensationellen und sehr anspruchsvollen Buch *Der lernende Unternehmer*. Aus Simon Parkers grundlegendem Werk *The Economics of Entrepreneurship*. Von Geoffrey Moore und seinem sehr praktikablen Vorgehenskonzept des Technologiemarketings. Sowie natürlich von Joseph Schumpeters viel zitierten und hoffentlich auch gelesenen Klassiker *Theorie der wirtschaftlichen Entwicklung*.

1. DER AUSLÖSER:

GESCHÄFTSIDEEN FINDEN UND ERKENNEN

»Das könnte etwas sein ...« – diesen Zustand oder besser diese Ahnung brauche ich Ihnen nicht weiter beschreiben. Das kennen Sie nur zu gut, ansonsten hielten Sie dieses Buch nicht in den Händen.

Vermutlich sind Sie nicht der typische »klassische« Unternehmer, der bereits eine bestehende Firma führt und nach neuen Anwendungsmöglichkeiten seiner Produkte sucht, sondern eher jemand, der eine Idee, eine »Opportunity«, eine Chance sieht und daraus ein Geschäft machen will.

In der Regel sind solche Menschen in ihrem Wissensgebiet sehr erfahren. Sie werden von anderen sogar als sogenannte »Wissensträger« bezeichnet. Sie sind oft dort anzutreffen, wo Wissen entsteht, in einer Institution, in einer Universität oder in einem Unternehmen. Sie arbeiten als Forscherin in höherer Position oder als Projektleiter oder als sogenannter Intrapreneur und haben viel Erfahrung und Expertise in Ihrem Gebiet. Das kann man sehr einfach feststellen, denn man fragt Sie gerne sowohl intern als auch extern als Referent zu Ihren Themen an. Halten Sie viele Vorträge, dann sind Sie sicherlich ein solcher Wissensträger oder Experte.

Hier schon ein kleiner Hinweis. Falls Sie noch nicht solche Referate oder Vorträge halten, dann sollten Sie es bald tun. Erstens, um Ihren Expertenstatus auf- beziehungsweise auszubauen, und zweitens, um zu testen, ob Ihre Expertise markttauglich ist, das heißt tatsächlich nachgefragt wird. Wenn der Chef zu den Mitarbeitern spricht, hören diese nicht immer freiwillig zu. Wenn hingegen Leute gern Ihre Vorträge besuchen, Sie sogar dazu einladen, dann ist das mit Sicherheit eine freiwillige Angelegenheit und Sie bekommen einen ersten Eindruck davon, dass Ihre Expertise durchaus gefragt sein könnte.

Deswegen ist es zwingend, mit dem Erkennen von Geschäftsideen einzusteigen, mit dem Aufspüren von Gelegenheiten oder Möglichkeiten – dem *Opportunity Seeking*. Viele behaupten, dass gerade dieses Aufspüren das Unternehmertum erst ausmacht. Überhaupt erst einmal Möglichkeiten für ein Geschäft zu erahnen, geschweige denn, es überhaupt zu sehen. Das ist der der entscheidende Moment (nicht der wichtigste Moment, der kommt noch …), *the precious moment*, der zarte Keim Ihres Unternehmertums. Diesen Moment will ich mit Ihnen noch ein bisschen auskosten und nicht so darüber hinweghuschen. Denn das ist es, was innovatives Unternehmertum ausmacht und weswegen wir alle Sie als Unternehmer benötigen.

Ich will Ihnen jetzt keine Liste von Leuten nennen, die Dinge gesehen haben, die ihre Kollegen, ihre Peers, Zeitgenossen, Nachbarn und all die anderen, die gerade zugegen waren, eben nicht gesehen haben, nur ein aktuelles Beispiel: Die BioNTech-Gründer Özlem Türeci und Ihr Ehemann Uğur Şahin sowie ihr Mentor Christoph Huber. Es gibt einen schönen Podcast dazu, wie Uğur Şahin entdeckt hat, wie die mRNA-Technologie, die eigentlich in der Krebsbekämpfung eingesetzt werden sollte, auch für die Entwicklung eines Impfstoffes gegen Covid-19 genutzt werden kann. Die mRNA-Technologie war vielen Forschern bekannt und viele arbeiten auch in diesem Bereich. Aber keiner hat die Möglichkeiten gesehen und genau das ist es, womit Unternehmertum beginnt. Deswegen ist dieser Moment so wertvoll. Jetzt werden Sie sicherlich einwenden, das Aufspüren allein reiche nicht, es muss dann ja noch ein Impfstoff entwickelt werden und dafür benötigt es entsprechende Ressourcen. Das stimmt. Erkennen allein reicht nicht, man muss es sich auch zutrauen und machen, dazu mehr ab Kapitel 2.

Zurück zu Ihnen und Ihrer Geschäftsidee. Oft entsteht diese, mehr als Ahnung, nach einem guten Vortrag bei den anschließenden Fragen oder im Nachgespräch. Sie spüren das Interesse Ihrer Zuhörer, ohne dass diese Ihnen sagen können, was sie genau wollen oder wo ihnen der Schuh drückt. Folgen mehrere solcher Momente, kristallisiert sich bei Ihnen im Kopf so langsam eine Idee heraus. Allerdings nehmen Sie die Hinweise, die Ihnen gegeben werden, kritisch auf. Hier ist der Spruch, den Henry Ford angeblich formuliert hatte, gut angebracht: »Wenn ich auf meine Kunden gehört hätte, hätte ich ihnen schnellere Pferde gegeben.« Das ist allein Ihre Idee und das Formulieren oder Aussprechen dieser Idee ist Ihr erster Anker, nautisch gesprochen, oder Ihr erster Sicherungshaken, alpinistisch gesprochen. Das ist der eigentliche konkrete Startpunkt. Noch sind Sie kein Unternehmer, aber Sie könnten einer werden.

Da Sie vermutlich über Ihre Idee bereits des Öfteren nachgedacht haben, erwarten Sie vermutlich jetzt von mir einen Aufruf, Ihren *Elevator Pitch* zu formulieren. Ein *Elevator Pitch* ist die sehr kompakte Beschreibung dessen, was Sie vorhaben. Sie haben nur die Fahrzeit eines Aufzugs (Elevator) zwischen ein bis zwei Stockwerken, in der man Ihnen Aufmerksamkeit schenkt – man beachte die Formulierung »schenken«. Da ich viel mit der Fraunhofer-Gesellschaft zu tun habe, habe ich schon viele solcher Pitches gehört, aber selten einen, der klar darlegte, was das Geschäft, was das Produkt ist und wie das Ganze funktioniert – meist habe ich nur etwas über die dahinterstehende Technologie erfahren, über die Features und Produkteigenschaften, aber nicht darüber, welche Bedürfnisse es befriedigen soll.

Doch bevor wir mit diesem wichtigen Baustein beginnen, sind ein paar Klarstellungen hilfreich. Diese bilden sozusagen das Fundament Ihres Vorhabens, denn wir Außenstehenden müssen Ihre Geschäftsidee schließlich verstehen. Handelt es sich eher um eine Technologie oder ein Produkt oder ein Geschäft – oder ist das alles irgendwie dasselbe?

Wenn wir uns fragen, was eine Unternehmensidee ausmacht, sollten wir auch fragen, was ist eigentlich ein Unternehmer, was zeichnet diesen aus? Ich hatte diese Frage bereits in der Einleitung anklingen lassen, als ich davon sprach, dass es bei Unternehmern drei verschiedene Erlebniswelten gibt, was jedoch kaum jemand weiß.
Fangen mit der Unternehmensidee und den drei für uns grundlegenden Begriffen an: Technologie, Produkt und Geschäft. Keine Angst, das müssen Sie nicht auswendig lernen und repetieren, sondern nur verstehen, und deswegen beschränke ich mich jeweils auf einige Kernsätze.

Was ist eine Technologie?

Eine Technologie ist die Nutzung von naturwissenschaftlichen Erkenntnissen und ermöglicht, dass Dinge, in welcher Form auch immer, geschehen oder entstehen können. Technologien fußen auf den Naturgesetzen, meistens aus der Chemie oder der Physik. Im IT-Bereich können neben der Physik für die Elektrik und Elektronik auch noch die Logik und weitere Mathematik dazukommen. Eine Technologie kann aber auch Sprache, Linguistik, Kommunikation, der ja ihrerseits wiederum die Neurowissenschaft und damit wieder Chemie und Physik zugrunde liegen, sein. Sogar Ästhetik kann die Grundlage einer Technologie sein. Oft entsteht eine Technologie gerade in Verbindung oder Kombination, wie in der IT oder in der Architektur oder beim Buchdruck gut zu erkennen ist.
In meinem konkreten Fall haben wir eine Technologie zur Vorbehandlung von Kunststoffoberflächen entwickelt, deren Grundlage die Plasmaphysik und Oberflächenchemie ist. Wir können sehr genau zeigen, wie das Plasma durch eine Hochspannung entsteht und welche chemischen Reaktionen es auf der Oberfläche der Polymere auslöst, ähnlich einem Bunsenbrenner.

Aber anders als der Bunsenbrenner, der schon ein Produkt ist, sind wir noch dabei, aus dieser Technologie ein Produkt zu generieren.
Technologie ist in diesen Tagen das große Thema. Zu Recht, denn die Möglichkeiten, die inzwischen jeder Einzelne von uns hat – und ich meine damit nicht nur das Internet und das Smartphone, sondern die Mobilität, die Kommunikation und insbesondere die Gesundheit und unsere lange Lebenszeit –, das alles ist durch Technologien möglich geworden. Die aktuell wichtigste Technologie ist daher die mRNA-Technologie. Ohne diese hätten die Impfstoffe nicht in dieser Geschwindigkeit entwickelt und produziert werden können. Auch der Verteilung liegen bekannte Technologien zugrunde, wie beispielsweise Leichtmetalle für die Flugzeuge, Verbrennungsmotoren für Lastkraftwagen, Elektrizität für Züge, Stahlverarbeitung wie Schweißen für den Schiffsbau.
Technologie macht Dinge möglich und verändert damit auch Bestehendes. Das derzeitige Buzzword heißt *Disruption*. Gemeint ist damit, dass vorhandene Wertschöpfungsketten und/oder Zugänge aufgebrochen werden. Paradebeispiel sind die Streamingdienste. Früher kaufte beziehungsweise lieh man sich Videokassetten oder DVDs oder kaufte CDs, heute hat man einen Zugang über seinen Computer und zahlt in welcher Form auch immer für die Nutzung der Inhalte, sei es ein Film oder ein Musikstück. Das Resultat: Videotheken gibt es nicht mehr und Plattenläden ähneln mehr Antiquariaten. Auch wenn Disruption zurzeit sehr hip ist, sind wirklich disruptive Technologien äußerst selten. Deswegen können wir diese auch relativ schnell zusammen auflisten. In der Regel weisen die allermeisten Technologien eine gewisse Kontinuität auf, sind also nicht disruptiv. Sie verbessern eine bestimmte Eigenschaft eines Produktes merklich oder erweitern das Produkt um eine neue Eigenschaft. Beim Auto zum Beispiel wäre hier der Spritverbrauch und damit die Reichweite in der ersten Kategorie zu nennen und der elektrische Fensterheber in der zweiten. Auch unsere Plasmatechnologie ist zunächst eher eine kontinuierliche als eine disruptive. (Allerdings

gibt es Anzeichen, dass dadurch bestehende Strukturen verändert werden könnten. Mal schauen, was die Zukunft so bringt.)
Zusammenfassend und für unsere Fragestellung ist es relevant zu wissen, dass Technologien immer bestimmte Effekte erzeugen, und mit diesen Effekten kann man etwas anstellen. Wenn Sie eine Ahnung haben, was das sein könnte, sind Sie genau an dem Punkt, den wir oben beschrieben haben.

Was ist ein Produkt?

Das lernt man als Betriebswirtschaftsstudent in der ersten Vorlesung. So wichtig ist dieser Zusammenhang. Leider hat man es am Ende des Studiums meist wieder vergessen. Es ist erinnert an den ersten Satz der Bibel: Am Anfang war das Kundenbedürfnis. Zwar habe ich gerade oben geschrieben, dass Sie diese Sätze nicht auswendig lernen müssen, aber Ausnahmen bestätigen die Regel. Diesen Satz sollten Sie wirklich verinnerlichen und bei all Ihren künftigen Beurteilungen und Entscheidungen beherzigen: »Ein Produkt ist ein Mittel zur Bedürfnisbefriedigung.« Damit ist fast alles gesagt. Das Produkt ist kein Selbstzweck, auch wenn die Entwicklung, die Herstellung, der Vertrieb sowie der Aufbau und Erhalt der dazugehörigen Infrastruktur Sie zu fast 100 Prozent Ihrer täglichen Arbeit auf Trab hält. Es ist nur ein Mittel, damit ein Bedürfnis befriedigt wird, und zwar ein Bedürfnis Ihrer Kunden. Es kann beispielsweise die Lösung eines großen Problems sein. In diesem Bereich sind meistens die Ärzte, aber auch Anwälte unterwegs. Es kann auch etwas sein, das rar ist und viel Freude bereitet, wie Fernreisen oder Skiurlaub. Oder etwas, das Sie in Ihrem Alltag unbedingt benötigen, wie Rohstoffe oder Werkzeuge oder Autos. Oft ist es eine Kombination. Gute Beispiele hierfür sind Firmenfahrzeuge oder Businessclass-Tickets. Der Kunde muss der Befriedigung dieses Bedürfnisses so viel Wert beimessen, dass er bereit ist, etwas für ihn Wertvolles freiwillig herzugeben – Geld. Er muss bereit, willens und fähig sein, sein Zahlungsleid zu überwinden und den Geldbeutel aufzumachen, und sich nach Erhalt Ihres Produktes gut fühlen. Er muss also einen sehr überzeugenden Grund haben, Ihr Produkt zu kaufen. Geben Sie ihm diesen Grund, dann ist er bereit, wieder bei Ihnen einzukaufen.

Auch wenn das alles banal klingt, hier bei den Fragen um das Produkt wird es schnell sehr konkret. Denn nicht nur das eigentliche Produkt selbst ist für Ihre Kunden relevant, sondern auch die damit verbundenen Liefer- und Zahlungsbedingungen. Wann und wo erhalte ich die Ware in welcher Menge und wie zahle ich – im Voraus, bei Übergabe oder im Nachgang? Dazu kommen logistische Fragen bezüglich Distribution und Produktion. Was brauchen wir für die Erstellung bis hin zur Auslieferung, also vom Gebäude über die IT und die Roh- und Hilfsstoffe bis hin zum erforderlichen (Fach-)Personal? Ganz zu schweigen von der Preispolitik und dem Umgang mit Retouren.

Hier sehen Sie bereits einen der zentralen Punkte für Ihr Vorhaben, nämlich den Übergang von der Technologie, die das eigentliche, ihr generisches Produkt ausmacht, zum Gesamtprodukt, das Sie Ihren Kunden anbieten. In Kapitel 6 befassen wir uns genauer mit diesem *The-whole-Product*-Konzept.

Man kann das mit einem Beispiel erläutern. Probieren Sie doch mal, einen Pneu zu kaufen. Ein Pneu ist ein Reifen aus Kautschuk, der mit Luft gefüllt ist. Die architektonischen oder medizinischen Anwendungen vernachlässigen wir hier. Jetzt fängt das Problem für uns an. Einen Pneu können Sie so nicht kaufen, das ist nämlich eine Technologie. Wohl aber können Sie einen Autoreifen oder einen Fahrradreifen oder einen Reifen für Ihre Schubkarre oder Ihren Traktor oder für die von Ihnen betreuten Flugzeuge kaufen. Falls Sie einen Reifen für Ihr Fahrrad benötigen, wissen Sie sofort, in welchem Geschäft Sie den Reifen erhalten.

Falls Sie jedoch einen Traktorreifen benötigen, müssen Sie woandershin und können den Reifen vermutlich nicht einfach mitnehmen, sondern müssten Ihren Traktor mitbringen – doch das ist schwierig, wenn dieser nicht fahren kann, weil der Reifen fehlt. Warum erzähle ich das? Es geht eben nicht nur um den Reifen, das eigentliche, generische Produkt an sich, sondern eben auch um die dazu nötigen peripheren Bedingungen, wie eine Montagehalle und einen Abschleppservice für unseren Traktor. Aber auch Öffnungszeiten sind wichtig, denn Fahrradreifen kauft man eher in der Freizeit und nicht während der Arbeitszeit. Falls Sie nur derjenige sind, der den Pneu entwickelt hat, müssen Sie sich diesen Fragen stellen und diese lösen, und zwar so, dass daraus ein Wiederholgeschäft entsteht. Bei Fahrradreifen kann man sich das noch gut vorstellen. Jeder hat mal einen Platten und viele Menschen fahren Fahrrad, sogar immer mehr Menschen in den Städten. Die Anzahl der potenziellen Kunden wächst. Bei Traktorreifen hingegen wird es schon komplizierter. Es gibt weitaus weniger Traktorbesitzer und diese leben in der Regel weit auseinander auf dem Land. Deswegen hat der Erfinder des Pneu, John Boyd Dunlop (geboren am 5. Februar 1840 in Dreghorn, Schottland; gestorben am 23. November 1921 in Dublin, Irland), sich auf Fahrräder konzentriert. Auch Edouard Michelin douard Michelin (geboren am 23. Juni 1859 in Clermont-Ferrand; gestorben am 25. August 1940 in Orcines, Département Puy-de-Dôme) hat sich zunächst auf das Fahrrad konzentriert. Um daraus ein Geschäft zu generieren, hat er seine Aktivitäten um einen Reiseführer, den Guide Michelin, und Straßenkarten ergänzt. Damit jeder in Frankreich und nicht nur in Paris auf den Geschmack kommt, eine Fahrt durch ganz Frankreich zu machen. Erst später wurden dann auch Traktoren mit luftgefüllten Reifen ausgestattet. (Im Zuge der Produktentwicklung, also des Übergangs von der Technologie zum Produkt, musste Dunlop dafür übrigens noch das Luftventil entwickeln.)

»Technologie«, »Produkt« und »Geschäft«, diese drei Begriffe sind die Stage-Gates Ihres Unternehmens. Bitte nicht verwechseln mit den Meilensteinen. Meilensteine zeigen die Richtung und die Entfernung an, die man bisher zurückgelegt hat. Stage Gates sind Tore, durch die Sie hindurchmüssen, ansonsten kommen Sie nicht weiter, ähnlich wie Level bei Computerspielen. Damit können Sie schon den ersten groben Plan Ihrer Unternehmung in drei Phasen einteilen und sogar Außenstehenden vermitteln. Phase 1 ist die Technologie, in Phase 2 wird aus der Technologie ein Produkt und in Phase 3 aus dem Produkt ein Geschäft. Das ist allerdings noch sehr allgemein formuliert und viel zu unspezifisch, aber es reicht für einen ersten *Elevator Pitch*.

Aus dem oben vorgestellten zentralen Satz ergeben sich zwei weitere wichtige Fragen. Erstens: Wer sind Ihre Kunden, also wessen Bedürfnisse wollen Sie erfüllen? Und zweitens: Gibt es genug Kunden, die Sie mit Ihren Möglichkeiten erreichen können? Damit wären wir bei dem dritten grundlegenden Begriff.

Was ist ein Geschäft?

Ein Geschäft haben Sie dann, wenn Ihre Kunden wiederholt Ihr Produkt bei Ihnen einkaufen und Sie Ihren Umsatz, also die Menge und die Preise Ihres Produktes, auf einen relevanten Zeithorizont planen können – in der Regel sechs bis zwölf Monate relativ konkret und auf zwei bis vier Jahre perspektivisch. Das machen wir dann in Kapitel 4, wenn wir das Erstellen eines Businessplans besprechen. Ansonsten ist das Ganze eher ein Projekt, eine einmalige Veranstaltung – was auch nicht schlecht ist.

Dazu müssen Sie wie oben angesprochen nicht nur Ihr Produkt genau entwickelt und die dazu nötige Peripherie (Lieferbedingungen, Produktionsbedingungen et cetera) organisiert haben, sondern auch eine genaue

Vorstellung von Ihren Kunden, ihren Bedürfnissen, ihrer Zahlungsbereitschaft und ihrer Zahlungsfähigkeit haben sowie von der Anzahl und den Aufenthaltsorten Ihrer Kunden und ob diese nach einem Einkauf wiederkommen wollen oder sogar müssen. Nehmen Sie dieses mit in Ihre Planung auf und beschreiben Sie Ihre Kunden genau in diesen sieben Aspekten. Damit haben Sie bereits ein Kapitel Ihres Businessplans geschrieben.
Verändert sich einer dieser Parameter, dann verändert sich Ihr Geschäft ebenfalls, optimalerweise soll es natürlich wachsen. Prosperieren sogar zwei oder drei dieser Parameter, dann wächst Ihr Business überproportional. Diese Aspekte sind wichtig, wenn Sie Ihr Vorgehen planen wollen. Mehr dazu, wenn wir Ihren Businessplan formulieren.
Die funktionalen Beziehungen, gegenseitigen Beeinflussungen und logischen Zusammenhänge dieser Parameter bilden Ihr Geschäftsmodell. Es ist das zentrale Konzept Ihres unternehmerischen Handelns, wie Ihr Unternehmen einen Mehrwert für Kunden erzeugt und einen Ertrag für das Unternehmen, also Sie, sichern kann. Letztlich beschreibt das Geschäftsmodell, wie Ihr Unternehmen funktioniert. Wenn Sie im Internet den Suchbegriff »Geschäftsmodell« eingeben und sich nur die grafischen Darstellungen zeigen lassen, erhalten Sie unzählige Treffer. Machen Sie es trotzdem mal. Vielleicht spricht Sie eine dieser Grafiken an. Ich hingegen werde Ihnen hier keine zeigen, da wir in diesem Abschnitt noch die grundlegenden Begriffe besprechen.
Gesamtwirtschaftlich betrachtet – im Sinne einer Luftbildarchäologie – gibt es fünf beziehungsweise drei Grundformen unternehmerischen Handels.
Apropos Archäologie – an dieser Stelle bietet es sich an, ein wenig in die Ideengeschichte der Volkswirtschaftslehre abzutauchen und diese verschiedenen Funktionen des Unternehmers für die Gesamtwirtschaft und deren Innovationsverständnis aufzuspüren. Denn Unternehmer ist nicht gleich Unternehmer und dementsprechend sind auch Innovationen nicht gleich Innovationen.

Ökonom	Unternehmerbild/ Ökonomische Funktion	Innovationsverständnis* *In Anlehnung an Clayton Christensen, *The Innovator's Dilemma*, 2011
 François Quesnay	als Garant wirtschaftlicher Existenz	Keine Innovation in einer statischen Wirtschaft
 Karl Marx	Investor, Akkumulator (Ausbeuter)	Innovation als Beschleunigung der Akkumulation
 Friedrich August von Hayek	Optimierer (Routinen-Unternehmer) und/oder Arbitrageur (Market Maker)	Effizienzsteigernde Innovation (produce more with less) Innovation zur Verbesserung der Marktposition (sustaining innovation: make the product better)
 Joseph Schumpeter	Innovator Market Maker	Potentielle Innovation (focus on jobs to be done) Strukturverändernde, disruptive Innovation (create new products or make the product accessable)

Abbildung 1.1: Unternehmerbild, ökonomische Funktion und Innovationsverständnis (Christensen 2011)

Gräbt man hier etwas tiefer, findet man fünf Unternehmerbilder, eigentlich Unternehmerfunktionen, denn die ökonomische Funktion des Unternehmers prägt natürlich sein Bild von ihm und fünf Innovationsverständnisse, die man ideengeschichtlich ökonomischen Denkern – *defunct economists* (verstorbene Ökonomen)* – zuordnen kann. Ich habe die jeweiligen Innovationskonzepte

* Der Ausdruck »defunct economist« geht zurück auf ein Zitat von John Maynard Keynes (geboren am 5. Juni 1883 in Cambridge; gestorben am 21. April 1946 in Tilton bei Firle, East Sussex): »The ideas of economists and political philosophers, both when they are right and when they are wrong, are more powerful than is commonly understood. Indeed, the world is ruled by little else. Practical men, who believe themselves to be quite exempt from any intellectual influence, are usually the slaves of some defunct economist.« Quelle: The General Theory of Employment, Interest and Money (1936), Kapitel 24 »Concluding Notes«, Seite 383f.

beziehungsweise -verständnisse in Anlehnung an einen weiteren Ökonomen, Clayton M. Christensen, der das Buch *The Innovator's Dilemma,*[1] schrieb, etwas präzisiert.
Im Folgenden werden diese fünf Grundformen unternehmerischen Handelns erläutert:

Der Unternehmer als Garant der physischen Existenz

Es geht darum, ganz physisch das Essen und das Wohnen zu bezahlen, um ganz vordergründig die physische Existenz zu sichern: Man muss ja essen. François Quesnay (geboren am 4. Juni 1694 in Méré/Montfort-l'Amaury bei Versailles; gestorben am 16. Dezember 1774 in Versailles) hat in einem *tableau économique*, der ersten Darstellung des wirtschaftlichen Kreislaufs, mit als Erster explizit so etwas wie das, was wir heute als Unternehmer bezeichnen, benannt: *la classe productive.*
Quesnay hat mit seinem Kreislaufmodell eine agrarische, vorindustrielle, feudalistische Wirtschaft abgebildet. In einer solchen Wirtschaft findet aus sich heraus keine Entwicklung, keine Verbesserung des Wohlstands statt. Wirtschaftliches Wachstum erfolgt allein durch Bevölkerungswachstum, gepaart mit einer Ausweitung des Ackerlands, aber rein quantitativ: Mehr Menschen produzieren mehr von denselben Gütern, aber der Einzelne bekommt genauso viel wie zuvor. Eine reine Input-Output-Logik. Innovationen finden in seiner Darstellung keinen Platz.

Der Unternehmer als Investor und Akkumulator

Dieser Ansatz geht zurück auf Karl Marx (geboren am 5. Mai 1818 in Trier, Königreich Preußen; gestorben am 14. März 1883 in London). Mit der

Beschreibung des Phänomens der Akkumulation hat Marx das ökonomische Kreislaufmodell von Quesnay um das Zusammenspiel von Strom- und Bestandsgrößen erweitert und eine weitere ökonomische Erkenntnis präsentiert, die für uns heute ganz normal ist:
Investitionen, eine Stromgröße, erhöhen den Kapitalstock, eine Bestandsgröße. Der Kapitalstock ermöglicht dann künftige Produktion und infolgedessen auch Einkommen.
Das Zusammenspiel zwischen Strom- und Bestandsgrößen kann man sich gut mit dem Badewannenbild merken. Investitionen fließen versinnbildlicht als Wasser in die Wanne, der Kapitalstock ist dann der Wasserpegel in der Wanne. Wenn der Abfluss geöffnet wird (wieder eine Stromgröße, hier wären das dann die Abschreibungen), sinkt der Pegel.
Innovationen verändern bei Marx die technische Rate des Kapitals, das heißt das Verhältnis zwischen Arbeit und Kapital, zugunsten des Kapitals. Mit Kapital meint er insbesondere Maschinen, die die Arbeiter ersetzen.
Auch hier ist erstaunlich, dass dieser für die ökonomische Erkenntnis so wichtige Bereich der Marx'schen Lehre heute kaum bekannt ist, andere, die kaum empirisch zu halten sind, hingegen schon: die Gebrauchswert- und Mehrwerttheorie und der historische Materialismus. Das hängt davon ab, ob die Gesamtwirtschaft eher durch Monopole, also einen oder sehr wenige Anbieter, oder durch Wettbewerb geprägt ist. Aber das ist eine andere Debatte.

Der Unternehmer als Optimierer und/oder als Nutzer von Preisdifferenzen

Kern dieses Denkansatzes der sogenannten Neoklassik ist, dass der Wettbewerb unter den Unternehmen als Entdeckungsverfahren dient und aufgrund von Anreizen zu einem Ausgleich von Angebot und Nachfrage führt.

Die Neoklassiker setzten an der Marx'schen Mehrwerttheorie, die wiederum auf den Gedanken der ökonomischen Klassik fußt, an und entwickelten über die Herleitung des Nachfrageverhaltens aufgrund des Nutzens, welches ein Gut stiftet, das Konzept der Marktpreisbildung.
Nicht die Kosten der Herstellung oder nach Marx die Reproduktionskosten, also der Lohn, den der Arbeiter benötigt, um seine Arbeitskraft zu erhalten, bestimmen den sogenannten Gebrauchswert einer Ware, sondern der Marktpreis bestimmt den Wert eines Gutes.
Preise werden auf funktionierenden Märkten gemacht. Märkte funktionieren nur dann, wenn es keine Marktmacht einzelner Marktteilnehmer gibt. Oder anders formuliert: Märkte funktionieren nur im Wettbewerb. Im Wettbewerb konkurrieren die Unternehmen, unterbieten sich gegenseitig, um die Nachfrage in ihrem Sinne zu beeinflussen. Dafür versuchen sie, die Produktionsfaktoren optimal einzusetzen, indem sie beispielsweise keine Ressourcen verschwenden, denn das ist kostspielig und ein Wettbewerbsnachteil.
Entsprechend gibt es zwei unternehmerische Funktionen:
Erstens die des Optimierers oder auch Routinen-Unternehmers*: Routinen deswegen, um die Kostenposition niedrig zu halten, das Rad nicht immer neu erfinden zu müssen und um Ressourcen zu sparen. Das gelebte Effizienzprinzip: mit gegebenen Mitteln das Maximale erreichen oder das vorgegebene Ziel mit minimalen Mitteln erreichen.
Zweitens die des Arbitrageurs, der entsprechend auf Preisdifferenzen achtet und durch sein Handeln dafür sorgt, dass sich Angebot und Nachfrage finden und die Märkte sich in Richtung eines Marktgleichgewichts bewegen. Das typische Handelsgeschäft.
Diese beiden ökonomischen Funktionen prägen unser vorherrschendes Bild vom Unternehmer. Gerade wenn Sie an einen typischen Mittelständler mit eigener Fertigung und einem fokussierten Produktpro-

* Ich benutze hier die Begriffe von Jochen Röpke, *Der lernende Unternehmer*, Marburg 2002.

gramm denken. Er optimiert die Fertigung und die Materialflüsse. Das definiert die tägliche Arbeit und Kommunikation und beschäftigt in der Regel auch die meisten Mitarbeiter. Gleichzeitig betreibt er jedoch mindestens ein kleines Handelsgeschäft, nämlich das Ersatzteilgeschäft, oft auch einen Gebrauchtmaschinen- und Zubehörhandel und entsprechende Services, von der Montagehilfe bis hin zu Beratungsleistungen. Wenn auch nicht mit greifbaren Dingen, wird hier dennoch gehandelt. Er verkauft die Mitarbeiterstunde für mehr Geld, als er dem Mitarbeiter zahlt. Es gilt der alte hanseatische Spruch »Ist der Handel noch so klein, er bringt doch mehr als Arbeit ein«. Kleiner Tipp am Rande: Auch wenn für Sie eher die gleich vorgestellte unternehmerische Funktion die relevante sein wird, sollten Sie dennoch bei Ihren Überlegungen in Richtung eines kleinen Handels denken.

Entsprechend findet man **zwei Arten von Innovation**: Innovation zur **Effizienzsteigerung**, als Optimierung oder zur Kostenreduktion und Innovation zum **Ausbau** beziehungsweise **Erhalt der Marktposition**.

Interessant: Im Verständnis der Neoklassiker fungiert der Wettbewerb als Entdeckungsprozess. Das funktioniert so: Antrieb für Innovation ist der Ausbau der Marktmacht. Senkt eine neue Technologie die Produktionskosten, wird der Innovator kurzfristig zum Monopolisten. Er kann günstiger anbieten und dabei noch Gewinne erzielen. Seine Konkurrenz kann das nicht. Dieser schöne Zustand für den Monopolisten dauert so lange, bis die anderen Anbieter ihn imitiert haben und ihre Kosten ebenfalls haben senken können, ohne Verluste zu machen. Es entsteht wieder ein neuer Wettbewerb und ein neues Marktgleichgewicht stellt sich ein. Nutznießer dieses Wettbewerbs sind die Nachfrager. Im Gegensatz zu der Monopolsituation erhalten sie die Güter und Leistungen nun zu niedrigeren Preisen.

An dieser Stelle wird der eine oder andere einwenden, dass sich die Märkte weder im Gleichgewicht befinden noch auf ein Gleichgewicht hinbewegen, also stabil sind. Gerade das Gegenteil scheint der Fall zu sein. Die Märkte scheinen labil zu sein und unterliegen mehr oder weniger starken Schwankungen und verursachen so Konjunkturzyklen.

Der Unternehmer als Innovator

Kein Buch zu Unternehmertum und Innovation ohne Joseph Schumpeter (geboren am 8. Februar 1883 in Triesch, Mähren, der österreichischen Reichshälfte von Österreich-Ungarn; gestorben am 8. Januar 1950 in Taconic, Connecticut, USA). Schumpeter hat die Begriffe »Innovation« und »Innovator« neu geprägt und damit insbesondere deutlich von dem gerade eben vorgestellten neoklassischen und in unserem Denken primär vorherrschenden Verständnis unterschieden: Innovation ist ihm zufolge die vollständige Neukombination vorhandener Ressourcen. Das bedeutet, mit gegebenen Mitteln alles ganz anders zu machen als bisher. Eben nicht zu optimieren! Oder anders formuliert: Innovation ist die kommerzielle Umsetzung einer Idee oder einer Erfindung – nicht die Erfindung oder Idee an sich! Diesen Satz kennen Sie bereits. Jetzt wissen Sie, wer dieses Denken geprägt hat. Der Unternehmer wird verstanden als Innovator im Gegensatz zu den eben genannten Unternehmerfunktionen, die Schumpeter als »Wirte und Arbitrageure« bezeichnete.

In Gegenteil zu Marx hat Schumpeter zwischen Kapitalisten beziehungsweise Investor und Unternehmer unterschieden. Kapitalisten beziehungsweise Investoren sind aufgrund ihrer ökonomischen Funktion keine Unternehmer. Unternehmer zeichnen sich seiner Meinung nach dadurch aus, dass sie ihre wirtschaftliche Position ständig durch Innovationen verbessern wollen. So wie er formuliert, ist es der Unternehmergeist, welcher Innovationen erzeugt und damit Wirtschaftswachstum und sozialen Wandel vorantreibt. Innovieren kann man nur selbst, das kann man nicht delegieren, wie man auch schlafen nicht delegieren kann. Schumpeter zufolge sorgen anders als in den oben angedeuteten Kreislaufmodellen von Quesnay und Marx, nur Innovationen für wirtschaftliche Entwicklung und Wohlstand. Aber auch für die Neoklassiker kam technischer Fortschritt wie »Manna vom Himmel«. Erst Schumpeter hat diesen Zusammenhang deutlich hervorgehoben.

Weil jedoch die Innovationstätigkeit wellenförmig abläuft, unterliegt auch die wirtschaftliche Entwicklung Konjunkturschwankungen. Für Schumpeter sind Konjunkturzyklen eine Notwendigkeit des Kapitalismus, ausgelöst durch starke Innovationstätigkeit. Seiner Meinung nach besteht das Wesen des Kapitalismus aus Innovation beziehungsweise »kreativer Zerstörung«. »Kreative Zerstörung« schafft die Grundlage für erneute Innovationstätigkeiten und löst damit einen neuen Konjunkturzyklus aus.

Er beobachtete, wie sich das Innovationstempo im Zeitverlauf wellenförmig verändert. Diese Wellen benannte Schumpeter nach seinem Kollegen Nikolai Kondratjew (geboren am 4. März 1892 in Galujewskaja bei Witschuga; gestorben am 17. September 1938 in Kommunarka). Ausgelöst durch eine sogenannte Basisinnovation steigt das Innovationstempo innerhalb einer solchen Kondratjew-Welle zunächst steiler an, flacht dann ab, um schließlich an einem *Turning Point* schlagartig abzufallen – das Innovationstempo ist in der Folge nur sehr gering. Es gibt dann nur noch wenige Innovationen – bis eine neue Basisinnovation eine neue Welle auslöst. Solche Wellen dauern mehrere Jahrzehnte an, circa 40 bis 60 Jahre. Zurzeit diskutieren wir, wo wir uns gerade in der fünften Welle befinden.

Zwei Bemerkungen sind mir an dieser Stelle wichtig: Bitte verwechseln Sie nicht die ökonomische Funktion des Unternehmers mit einer psychologischen Typisierung.

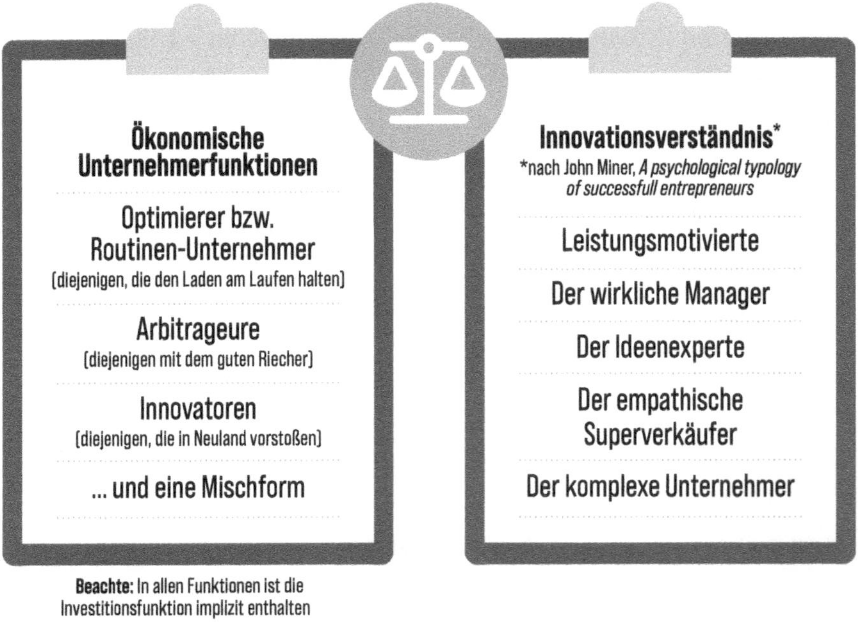

Abbildung 1.2: Ökonomische Funktionen versus psychologische Typisierung

Die gibt es natürlich auch. Hier eine mögliche Typisierung nach John B. Miner (*A psychological typology of successfull entrepreneurs*, 1997), der fünf Typen unterschieden hat. Er schaute dabei insbesondere auf die Motivation von Unternehmern, aber auch auf deren berufliche Herkunft.
Ich fokussiere hier auf die ökonomischen Funktionen des Unternehmers, das heißt auf seine Rolle für das Funktionieren wirtschaftlicher Abläufe. Auch wenn ich gerade die fünf Grundformen vorgestellt habe, sind es letztlich sind nur diese drei:

1. Optimierer beziehungsweise Routinen-Unternehmer,
2. Arbitrageur

und

3. Innovator sowie eine Mischform.

Die Investorfunktion ist zum einen implizit in diesen enthalten.
Ein Optimierer investiert in effizienzsteigernde Methoden wie zum Beispiel Fertigungsroboter oder er digitalisiert die Arbeitsabläufe.
Zum anderen können auch Nicht-Unternehmer investieren, beispielsweise als Aktionär und Beteiligungskapitalgeber.

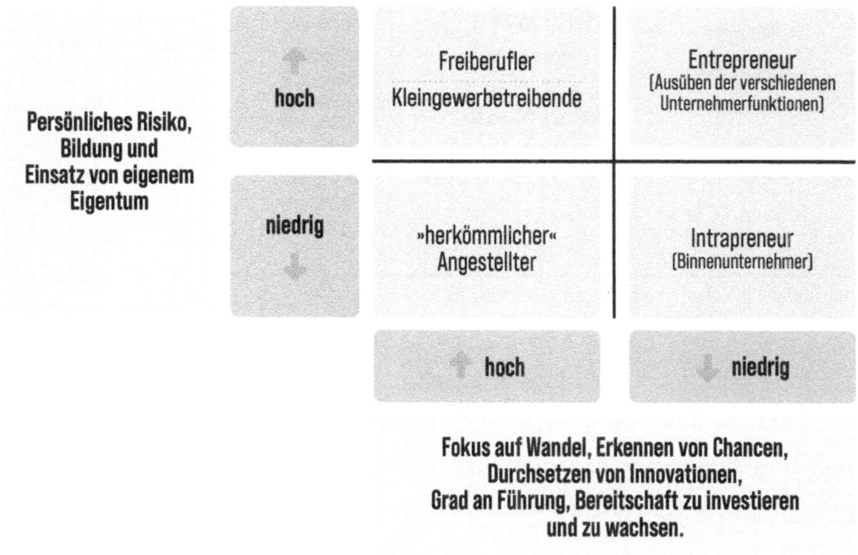

Abbildung 1.3: Selbstständig versus angestellt

In der Literatur findet man auch oft diese Darstellung – gerade in Bezug auf die Frage der Selbstständigkeit im Gegensatz zum Lohn- und Gehaltsempfänger: Ist jeder Selbstständige auch ein Unternehmer? Ansonsten ist diese Darstellung meines Erachtens sehr unspezifisch.
Meiner Meinung nach ist die Folgende hier besser geeignet:[2]

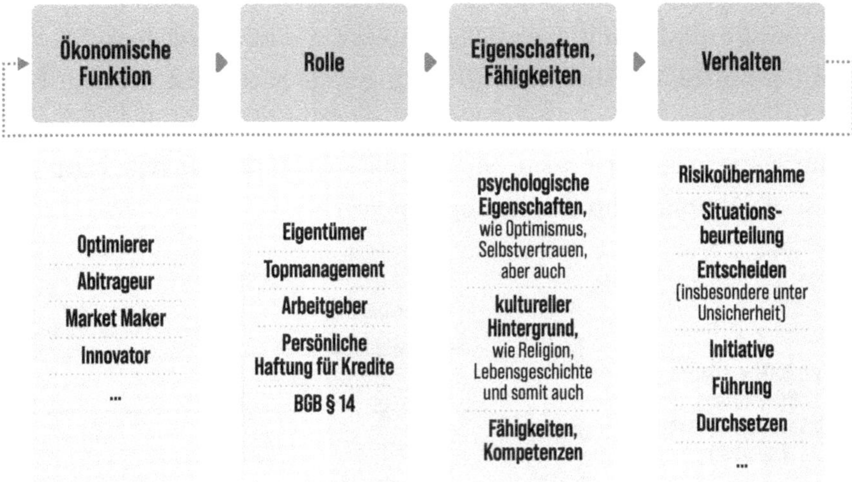

Abbildung 1.4: Dimensionen des Unternehmertums

Sie stellt gut dar, was einen Unternehmer ausmacht.
Ich habe zu jeder dieser vier Dimensionen einige Stichwörter hinzugefügt, um diese zu verdeutlichen. Die Pfeile zwischen den Kästchen zeigen, wie diese Kategorien zueinanderstehen:
Die unternehmerische Funktion bestimmt die Rolle, die ein Unternehmer einnehmen muss, um ein Unternehmen zu betreiben. Diese Rolle wiederum erfordert bestimmte Eigenschaften und – sehr wichtig – bestimmte Fähigkeiten.
Schließlich führt die Ausübung einer bestimmten Funktion in einer bestimmten Rolle durch einen bestimmten Typ von Person zu dem charakteristischen Verhaltensmuster, welches mit dem Unternehmer verbunden wird. Dieses Verhalten wiederum beeinflusst im Sinne einer Rückkopplung die ökonomische Funktion.
Auch könnte man anhand dieser Grafik den Markt für Unternehmer beschreiben. Das ist auch für unsere weiteren Überlegungen wichtig. Die Nachfrageseite wird durch den gesamtwirtschaftlichen Bedarf an den ver-

schiedenen Unternehmerfunktionen, insbesondere an der Innovationsfunktion, bestimmt. Die Angebotsseite hingegen wird sichtbar anhand der jeweiligen Ausprägungen der eingenommenen Rollen und letztlich am Verhalten, aber insbesondere wird sie bestimmt durch die Eigenschaften und kann zudem gestaltet werden durch entsprechende Fähigkeiten. Denn Fähigkeiten sind erlernbar.

Wie gesagt, entscheidend und Ausgangspunkt sind jedoch die unternehmerischen Funktionen.

Neben der Investitionsfunktion ist eine andere ökonomische Funktion ebenfalls bereits erwähnt worden. Ich habe lange gezögert, diese explizit zu erwähnen, denn sie ist sowohl als Form der Innovation im Schumpeter'schen Sinn als auch im Sinne der Arbitragefunktion der Neoklassik zu verstehen – quasi eine Brücke zwischen beiden.

Der Unternehmer als »Market Maker«

Wie Sie sehen werden, geht es dabei zum einen um die Bewertung *(judgement)* von Geschäftsmöglichkeiten oder Geschäftsideen oder Chancen oder *Opportunities* – neoklassischer Einfluss und zum anderen um das Durchsetzen dieser Ideen – Schumpeterianischer Einfluss. Dies ist ein Prozess in zwei Phasen, der sich dem Unternehmer offenbart.

Es wird davon ausgegangen, dass die Wirtschaft, die Gesellschaft, die Welt, das Leben volatil ist – auch wieder Schumpeter. Diese Volatilität bietet Chancen, zum Beispiel neue Technologien auf der Angebotsseite oder neue Präferenzen auf der Nachfrageseite wie Modetrends oder wann man zu Hause bleiben soll. Diese Chancen können vorübergehender oder anhaltender Natur sein.

Und nun kommt die erste Phase: Das Erkennen beziehungsweise Entdecken und Bewerten dieser Chancen.

Zum Beispiel die Erkenntnis, dass mRNA als mikrobiologisches Trägermaterial dienen kann, oder in meinem Fall eine neue Art, eine Plasmaentladung zu zünden. Kommt Ihnen das bekannt vor?
Da keine realen Daten aus der Vergangenheit zur Verfügung stehen, sondern eher zarte Hinweise oder Symptome wahrnehmbar sind, muss der Unternehmer, wie es der Ökonom und Zeitgenosse Schumpeters Frank Knight (geboren am 7. November 1885 im McLean County, Illinois; gestorben am 15. April 1972 in Chicago) herausgefunden hat, unter Unsicherheit entscheiden und allein auf sein Urteilsvermögen vertrauen, ob es eine Nachfrage geben könnte oder nicht.

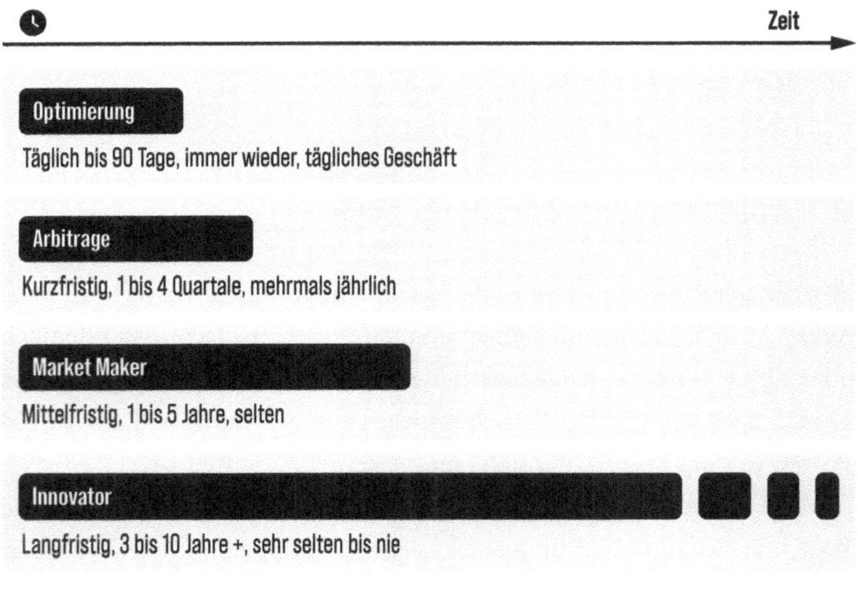

Abbildung 1.5: Zeithorizonte und Häufigkeit ökonomischer Unternehmerfunktionen

Zum anderen, das ist dann die zweite Phase, muss der Unternehmer diese Chance beziehungsweise Geschäftsmöglichkeit *(Business Opportunity)* selbst verwerten, denn es gibt keinen funktionierenden Markt für

Geschäftsmöglichkeiten. Auch das hat ein sehr bekannter Ökonom, George Akerlof, der Mann von Janet Yellen, der derzeitigen US-Finanzministerin und ehemaligen Fed-Chefin, herausgestellt.
Der angehende Unternehmer sieht diese Chancen, während andere, die dieselbe Situation mit der gleichen Absicht betrachten wie zum Beispiel die Konkurrenz oder andere Wissenschaftler, die auch gern Gewinne erzielen oder sich selbst verwirklichen wollen, sie nicht sehen, und riskiert dabei, im doppelten Sinne danebenzuliegen. Das besprechen wir im nächsten Kapitel. Deshalb heißt es, der Unternehmer muss sehr selbstbewusst sein, aber sich gleichzeitig vor zu viel Optimismus hüten. Davon kann ich Ihnen nicht nur ein Lied singen, sondern es gibt deswegen zu diesem Thema gleich zwei Kapitel direkt im Anschluss!
In dieser Darstellung wird nochmals deutlich, warum es wichtig ist, die *Market-Maker*-Funktion gesondert herauszustellen. Die reine Arbitragefunktion sichert das Funktionieren vorhandener Märkte, die *Market-Maker*-Funktion erschließt neue Märkte in der Regel mit vorhandenen Produkten – was auch als *Sustaining Innovations* bezeichnet wird, während die komplette Neukombination, das heißt die Entwicklung eines neuartigen Produktes, die Innovation, in der Regel zeitlich viel aufwendiger ist und – so meine Erfahrung als Unternehmer und *Business Angel* – immer weit unterschätzt wird. Auch das werden wir noch gesondert besprechen.
Entsprechend ist die Häufigkeit der Ausübung dieser Funktionen und das wiederum prägt das gängige Unternehmerbild: Optimierungen sind tägliches Geschäft, während echte disruptive Innovationen, wenn überhaupt, ein- bis zweimal im Leben eines Unternehmers angegangen werden.
Auch hier gibt es natürlich Ausnahmen, die sogenannten Mehrfachgründer. Diese sind aber ökonomisch gesprochen eher Arbitrageure, sie gründen Firmen, um diese dann zu verkaufen.
Welches dieser Konzepte trifft wohl auf Sie zu, einem Experten auf seinem Gebiet?

Mir war es an dieser Stelle wichtig, Ihnen zum einen diese Unterscheidung zwischen Technologie, Produkt und Geschäft klarzumachen und Ihnen zum anderen verschiedene Konzepte unternehmerischen Handelns, das Ihr künftiges Geschäftsmodell prägen wird, vorzustellen, in gewisser Weise als eine Art Immunisierung gegen wohlgemeinte Ratschläge und – schlimmer noch – vorgefertigte Vorstellungen, wie die Dinge zu laufen haben, ohne dass ein klares unternehmerisches Grundverständnis vorhanden ist. Nach dem Motto »Das macht man halt so …« Sie erinnern sich an das Zitat von John Maynard Keynes?

Jetzt, meine ich, sollten Sie die ersten Versionen Ihres *Elevator Pitchs*, Ihrer Geschäftsidee, formulieren. Denken Sie dabei immer an das Geschäft: Aufgrund Ihrer Expertise und Ihres (technologisch geprägten) Wissens bekommt welcher Kunde was genau von Ihnen? Welchen Mehrwert erhält er dadurch? Ist er bereit, Ihnen dafür etwas von Wert zu geben, das Ihren Aufwand mehr als kompensiert? Wie oft können Sie eine solche Transaktion durchführen?

Wie gesagt, noch sind Sie kein Unternehmer, aber gerade drauf und dran, einer zu werden. Das hängt davon ab, wie Sie sich nun entscheiden werden.

Weiterführende Literatur

- Röpke, Jochen (2002): *Der lernende Unternehmer*, Marburg.

Seine Denkansätze waren für mich inspirierend. Das Buch ist sehr umfassend und tiefschürfend, allerdings auch ein wenig sperrig.

- Schumpeter, Joseph 2006: *Theorie der wirtschaftlichen Entwicklung*, Nachdruck der 1. Auflage von 1912, Berlin.

Ein absoluter Klassiker, spielt in der Liga von Adams *The Wealth of Nations*, Karl Marx *Kapital* und John Maynard Keynes *General Theory of Employment, Interest and Money*, 1936.

- Parker, Simon C. (2018): *The Economics of Entrepreneurship*, 2. Auflage, Cambridge.

Sehr umfassend, aber relativ mathematisch. Wer sich davon nicht abschrecken lässt, findet viele erklärende Hinweise, wie Unternehmertum mikroökonomisch und auch makroökonomisch auf die Gesamtwirtschaft wirkt.

- Christensen, Clayton M. (2016): *The Innovator's Dilemma: When New Technologies Cause Great Firms to Fail*, Boston.

Sehr scharfsinnig, aber kaum in etablierten Unternehmen bekannt. Erstaunlich!

Anwendungskonzepte, aus Erfahrung gelernt:

Elevator Pitch

2. MACHEN ODER NICHT MACHEN?

GESCHÄFTSIDEEN BEWERTEN UND TESTEN

Ihr Elevator Pitch klingt nicht schlecht, aber ist Ihre Geschäftsidee tragfähig? Sollen Sie es wagen oder doch nicht? In diesem Kapitel geht es nur um Sie. Entscheiden müssen allein Sie! Gleich ein klarer Satz zu Beginn dieses Kapitels, der unmittelbar an das vorhergehende Kapitel anknüpft. Unternehmer mögen vielleicht einen bevorzugten Zugang zu bestimmter Information haben oder kompetenter als andere sein (damit sind Sie mit Ihrer Expertise gemeint), der entscheidende Unterschied ist jedoch, dass Unternehmer willens sind, eine Entscheidung zu fällen.

Was sind eigentlich Entscheidungen?

»Wir entscheiden doch täglich«, mögen Sie jetzt denken. Beim Bäcker, beim Shoppen, bei größeren Anschaffungen und natürlich auch bei der Partnerwahl oder der Gründung eines Hausstandes. »Immer diese Sofortentscheidungen«, stöhnt jetzt der eine oder die andere. Auch ich durchlebe natürlich solche Situationen. Aber als Entscheidungssituationen würde ich diese nicht wirklich bezeichnen. In meinem Leben habe ich wahrscheinlich drei bis fünf Entscheidungen gefällt. Vermutlich werden es in der Zukunft nicht noch mal so viel. Ich rechne mit zwei bis drei, hoffentlich nicht mehr. Entscheiden fällt mir schwer. Denn Entscheidungen sind unangenehm, sie sind aufwendig, brauchen viel Zeit und verursachen manchmal schlaflose Nächte. Zudem riskiert man, seinen Mitmenschen beim langen Hin und Her auf die Nerven gehen. »Jetzt entscheide dich doch mal endlich!«, rufen sie einem zu.

Der Aufwand einer Entscheidung entsteht nicht nur beim Abwägen der Alternativen. Viel aufwendiger ist, zuerst die Entscheidung selbst zu formulieren und diese in Worte zu fassen. Der Sprachphilosoph Ludwig Wittgenstein (geboren am 26. April 1889 in Wien; gestorben am 29. April 1951 in Cambridge) lässt grüßen. Was man nicht formulieren kann, kann man nicht denken. Erinnern wir uns an seinen berühmten letzten Satz im *Tractatus*[3]: »Wovon man nicht sprechen kann, darüber muss man schweigen.« Aber das können Sie sich nicht leisten. Wie gesagt, Sie sind jetzt gefordert.

Die zentrale, zur Entscheidung stehende Frage lässt sich meist recht einfach formulieren, in Ihrem beziehungsweise unserem Fall: Machen oder nicht machen? Das ist zwar die Essenz und darauf läuft es letztlich hinaus. Aber für eine Entscheidungsfindung ist sie noch zu holzschnittartig, zu grob. Was bedeutet »machen« oder eben »nicht machen«? Um diese beiden Handlungsoptionen zu beurteilen, müssen Sie diese im Kontext eines möglichen Auftretens verschiedener künftiger Ereignisse, Entwicklungen oder Umweltzustände betrachten. Mit Umwelt meine ich jetzt nicht den ökologischen Zustand und den Klimawandel, sondern für uns gegebene Zustände in der Zukunft, die wir durch unser Handeln nicht direkt beeinflussen können. Beispielsweise könnten das konjunkturelle Entwicklungen sein, die gewissen Schwankungen unterliegen. Ein aktueller Umweltzustand ist aber auch die Coronapandemie. Diese Pandemie bietet Firmen, die mit der mRNA-Technologie arbeiten, plötzlich die Möglichkeit, einen Impfstoff zu entwickeln. Bei der Firmengründung hat man diese Entwicklung oder diesen Umweltzustand, wenn überhaupt, nur als theoretische Möglichkeit in Betracht gezogen.

Wie viele solche Umweltzustände, Ereignisse, Entwicklungen oder Szenarien soll man in Betracht ziehen? Antwort: mindestens zwei. Ein eher für Ihr Vorhaben günstiges Szenario und ein eher für Sie ungünstigeres. Manche formulieren noch ein »Worst-Case-Szenario«.

Jetzt zu Ihren Handlungsalternativen. Natürlich gibt es hier auch mindestens zwei, ansonsten gäbe es keine Entscheidung. Na gut, das ist trivial.

Sie haben jetzt Ihre Handlungsalternativen formuliert und die Umweltzustände oder Szenarien hinreichend gut beschrieben. Fertig sind Sie aber noch nicht. Wahrscheinlich verstehen Sie mittlerweile, wie aufwendig eine echte Entscheidung ist und warum ich das vorhin so geschrieben habe. Denn es fehlt Ihnen noch eine letzte Zutat. Sie müssen abschätzen, am besten quantifizieren, wie sich welcher Umweltzustand auf Ihre Handlungsalternative auswirkt.

Diese Kombination aus Handlungsalternative und Umweltzustand nennen die Ökonomen in der Entscheidungstheorie eine Auszahlung. Die Disziplin »Entscheidungstheorie« gibt es wirklich. Ich habe mehrere Seminare dazu absolviert. Sie ist eng verwandt mit der sogenannten »Spieltheorie«. Diese ist seit dem Film *A beautiful mind* mit Russel Crowe ein bisschen bekannter. Dennoch kommt jeder von uns mit den Ergüssen dieser beiden Disziplinen in Berührung, beispielsweise wenn es um Versicherungsfragen geht. Fast alle Prämienkalkulationen bedienen sich bestimmter Algorithmen, die auf der Grundlage von entscheidungs- und spieltheoretischen Überlegungen entwickelt worden sind.

Das Abschätzen, welcher Umweltzustand auf Ihre Handlungsalternative wirkt, also das Beschreiben und Bestimmen der Höhe der jeweiligen Auszahlung, ist mühsam und oft kaum möglich. Dennoch müssen Sie sich durchringen, es zu tun, denn ohne geht es nicht!

Vielleicht hilft hier folgender Zwischenschritt: Beschreiben Sie bitte in kurzen Sätzen verschiedene Varianten von möglichen Szenarien. Der Trick ist es, sich nicht allzu lange mit den Details aufzuhalten und dann

ein Szenario festzulegen, sondern eher in groben Zügen das Wesentliche zu erfassen und mit mehreren Varianten eher spielerisch eine gewisse Plausibilität zu erzeugen.
Die ausformulierte Entscheidungssituation kann man sich in einer Matrix oder einer Kreuztabelle vorstellen, so wie unten dargestellt. Jede Zeile benennt eine Handlungsalternative oder Handlungsoption. Jede Spalte ist einem Umweltzustand oder einem Szenario zugeordnet. Die jeweiligen Auszahlungen werden in die Felder der Kreuzung von Handlungsoption und Umweltzustand eingetragen.

	Umweltzustände, Entwicklungen, Ergebnisse, Szenarien				
Handlungsoptionen	**Szenario 1** »günstig«	**Szenario 2** »ungünstig«	**Szenario 3** »worst case«	**Szenario 4** »...«	**Szenario 5** »...«
Alternative 1 »machen«	Auszahlung 1/1	Auszahlung 1/2	Auszahlung 1/3	Auszahlung 1/4	Auszahlung 1/5
Alternative 2 »nicht machen«	Auszahlung 2/1	Auszahlung 2/2	Auszahlung 2/3	Auszahlung 2/4	Auszahlung 2/5
Alternative 3 »anders machen«	Auszahlung 3/1	Auszahlung 3/2	Auszahlung 3/3	Auszahlung 3/4	Auszahlung 3/5
Alternative 4 »...«	Auszahlung 1/4	Auszahlung 1/5	Auszahlung 1/6	Auszahlung 1/7	Auszahlung 1/8

Tabelle 2.1: Entscheidungsmatrix, Ihre Denkhilfe für die Formulierung Ihrer Entscheidung

Bekommen Sie keinen Schreck, das sieht komplizierter aus, als es ist. Für eine richtige Entscheidungssituation müssen mindestens jeweils zwei Handlungsoptionen und zwei Szenarien sowie deren Auszahlungen formuliert werden. Ich habe dieses Minimum grau unterlegt.

Natürlich können noch mehr Handlungsoptionen und Szenarien entwickelt werden. Theoretisch sind hier keine Grenzen gesetzt. Hier können Sie nun Ihre oben angesprochenen Varianten eintragen, wenn Sie wollen. Oft jedoch stellt sich beim Formulieren einer neuen Handlungsoption oder eines neuen Szenarios heraus, dass dieses bereits in einer schon formulierten Option oder einem vorhandenen Szenario implizit enthalten ist. Das wird meistens dann deutlich, wenn man die jeweiligen Auszahlungen einträgt. Es kann auch vorkommen, dass die Handlungsoption eine andere dominiert. In diesem Fall ist in jedem Auszahlungsfeld ein besserer Wert in der Zeile der dominanten Handlungsoption abzulesen. Damit ist die andere Handlungsoption in jedem Fall, das heißt in jedem Szenario, schlechter und wird nicht gewählt. Es sei denn, in einem Auszahlungsfeld befindet sich ein besserer Wert. Dann liegt keine Dominanz vor.

Jetzt spätestens verstehen Sie, warum man beim Bäcker oder in anderen Alltagssituationen nicht wirklich von Entscheidungen sprechen sollte und mir das Entscheiden so schwerfällt.

Oft (um nicht zu sagen: fast immer) passiert Folgendes. Wir durchdenken eine Handlungsoption in all den verschiedenen Szenarien in allen Details und sind stolz auf uns, weil wir in der Lage sind, zu jedem Szenario eine entsprechende Auszahlung anzugeben. Wir fühlen uns gut dabei, weil wir es durchdacht haben. Und deswegen entscheiden wir uns dann für diese Handlungsoption. Der Haken daran: Das war keine Entscheidung, denn wir haben ja keine andere Handlungsoption formuliert. Sicherlich gibt es für dieses weitverbreitete Phänomen eine Bezeichnung. Ich sollte das mal in Rolf Dobellis Buch *Die Kunst des klaren Denkens* nachschauen.[4] Wenn uns jemand darauf anspricht, reagieren wir gereizt. Aber diejenige hat ja recht. Erst die Wahl zwischen zwei Handlungsoptionen ist eine Entscheidung. Sind beide Alternative gut ausgearbeitet, bedeutet Wählen letztlich Verzichten. Man verzichtet auf eine gangbare

Alternative. Ökonomen sagen, das ist der Preis, den man für eine Wahl oder Entscheidung zahlen muss. Sie haben sogar einen Begriff dafür: »Opportunitätskosten«.

Verzichten tut keiner gerne. Jetzt kommt der Teil mit dem Hin und Her, mit dem Abwägen. Auf welche Alternative verzichte ich? Was mache ich? In der Theorie ist dieser Teil eigentlich überflüssig. Denn wenn die Auszahlungswerte in unserer Matrix eingetragen sind, muss man nur noch ablesen, welche der Handlungsoptionen in allen Szenarien besser ist als die andere. Das hatten wir gerade eben bei der Frage der dominanten Handlungsoption. In der Realität, aber auch in der Theorie, tritt nun oft der Fall ein, dass bei einem Szenario der Auszahlungswert besser für die eine Handlungsoption ist, beispielsweise in unserem Fall »Machen« mit guter Konjunktur, aber in einem anderen Szenario dreht sich die Situation um und der Auszahlungswert ist schlechter. In unserem Fall könnte also die Handlungsoption »Machen« im Szenario schlechte Konjunktur zu einer niedrigeren Auszahlung führen als bei der Handlungsoption »Nicht machen«. Sie merken, die Auszahlungen, also das, was in der Kombination von Handlungsoption und Szenario entsteht, ist sehr wichtig, aber auch schwer genau zu bestimmen.

Vermutlich haben Sie sich bereits gedacht, dass das hier alles schön und gut ist, sehr systematisch, aber für die Praxis doch völlig überzogen. Auf den ersten Blick, insbesondere wenn man die Tabelle oben betrachtet, mag das so erscheinen, aber ich kann Ihnen versichern: Wenn man dieses Schema nicht vor Augen hat, setzen spätestens jetzt die schlaflosen Nächte ein und man wälzt die Gedanken hin und her. Die meisten geben spätestens hier auf und entscheiden lieber nicht. Aber nicht Sie! Das unterscheidet Sie von den anderen.

An dieser Stelle wiederhole ich den Satz vom Anfang dieses Kapitels:

Unternehmer mögen vielleicht einen bevorzugten Zugang zu bestimmter Information haben oder kompetenter als andere sein, wie gesagt, damit sind Sie mit Ihrer Expertise gemeint, jedoch ist der entscheidende Unterschied, dass Unternehmer willens sind, eine Entscheidung zu fällen.

Denn das hier ist der *Tipping Point* für Sie. *Tipping Point* wird mit »Wendepunkt« übersetzt. Wendepunkt trifft es aber nicht, eher »Kipppunkt« – wie an einer Wippe oder an einer Kante.

Dies ist umso bemerkenswerter, als diese Entscheidung Unternehmer, also Sie, auch noch in Unsicherheit fällen müssen. Denn aufgrund des innovativen Charakters Ihrer Geschäftsidee gibt es kaum Daten, die die jeweiligen Ergebnisse bei unterschiedlichen künftigen Entwicklungen oder möglichen Ereignissen abbilden. Gäbe es diese, könnten Ökonomen und Mathematiker unter Heranziehen von Wahrscheinlichkeiten berechnen, welches Szenario vermutlich eintreten wird. In der Ökonomie wird das dann als »Entscheidungen unter Risiko« bezeichnet. Genauso machen es die Versicherungen. Aber in unserem Fall geht das nicht. Wir kennen diese Wahrscheinlichkeiten nicht, wir kennen ja kaum die möglichen Szenarien. Allein das Auffinden und Formulieren war bereits ein Kraftakt. Wir müssen unter Unsicherheit entscheiden. Auch das ist ein Konzept in der Ökonomie. Der Ökonom Frank Knight, den ich vorhin schon erwähnt hatte, hat darauf seine Überlegungen zum Unternehmer gestützt: Entscheidungen unter Unsicherheit. Zwar tun wir in unserem Businessplan auch so, als ob wir auf gesicherte Daten zurückgreifen würden und die Wahrscheinlichkeiten berechnet hätten. Das machen wir allerdings nicht für uns, sondern um potenzielle Investoren nicht sofort abzuschrecken. Eher gilt für uns, was Reinhard K. Sprenger immer wieder in seinen Vorträgen und Büchern sagt: »Was man nicht berechnen kann, muss man entscheiden.«

Wie sieht nun die Entscheidungsfindung für jemanden in Ihrer Situation aus?

Lassen Sie uns konkret werden. Sie sehen Möglichkeiten, die andere, die dieselbe Situation mit der gleichen Absicht betrachten, etwa Ihre Kollegen oder andere Wissenschaftler, aber auch die Konkurrenz, die auch sich selbst verwirklichen und/oder Gewinne erzielen wollen, nicht sehen.
Von außen betrachtet kann man Ihre Entscheidungssituation mit diesem Entscheidungsbaum gut darstellen und dabei auch Ihre wirkliche Herausforderung zeigen.

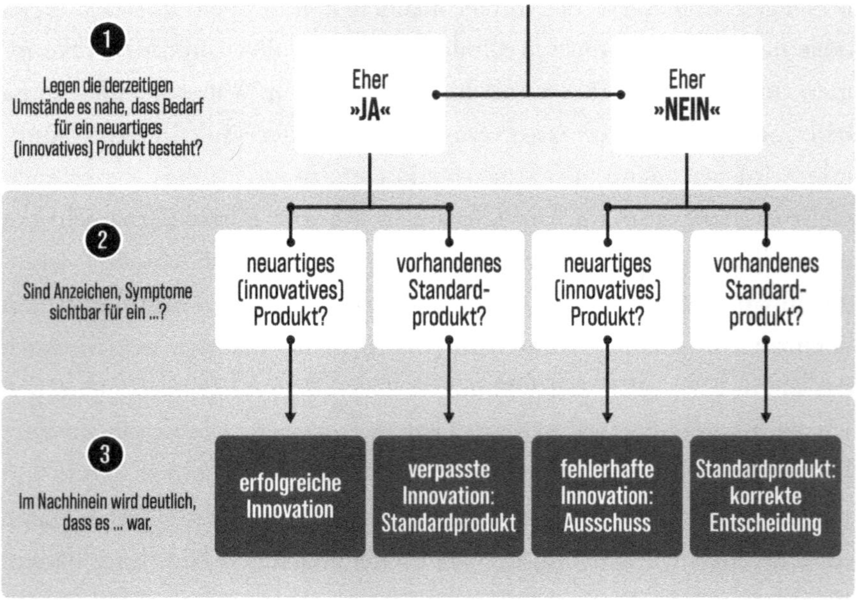

Abbildung 2.1 Der Entscheidungsbaum für den Unternehmer

In den ersten beiden Stufen geht es um die Bewertung oder Beurteilung Ihrer Geschäftsidee. Ich hatte das bereits bei der Vorstellung des *Market-Maker*-Konzepts im ersten Kapitel angesprochen. Die erste Frage ist noch recht vage formuliert und wird aufgrund ihrer Schlichtheit gern unterschätzt: »Legen die derzeitigen Umstände es nahe, dass ein Bedarf für ein neuartiges/innovatives Produkt besteht?«

Denn diese Frage hat zwei Teile, den Bedarf und das Produkt. Jetzt greifen wir auf das, was im vorangegangenen Kapitel besprochen wurde, zurück. Sie kennen bereits den Unterschied zwischen Technologie, Produkt und Geschäft. Bevor Sie nun eine der beiden Antworten wählen, sollten Sie eine Vorstellung davon haben, welchen konkreten Bedarf Sie mit welchem Produkt wie bedienen wollen. Ökonomisch gesprochen meint man damit, auf welche Nachfrage Sie mit Ihrem Angebot stoßen.

Zur Beschreibung Ihrer künftigen Nachfrage sollten Sie wissen, wer genau Ihre Kunden mit diesem Bedarf sein werden und welches Bedürfnis – das ist nicht dasselbe – mit Ihrem Produkt befriedigt wird. Man könnte auch fragen, welches konkrete Problem Ihrer potenziellen Kunden Sie mit Ihrem Produkt lösen. Das Bedürfnis ist eher eine übergeordnete Kategorie, die zeigt, in welche Richtung es gehen soll, während der Bedarf konkret und meist auch zeitlich begrenzt ist. Ein Bedürfnis ist das Verlangen nach einer bestimmten Sache und entspringt dem Wunsch, ein empfundenes Defizit zu beseitigen. Bedürfnisse sind sehr vielseitig. Sie hängen hauptsächlich von den Lebensumständen des Einzelnen ab. Der Bedarf hingegen beschreibt das konkrete Verlangen nach spezifischen Produkten, um die eigenen Bedürfnisse zu befriedigen.

Nehmen wir als Beispiel wieder die mRNA-Technologie als Grundlage der Impfstoffentwicklung. Das Bedürfnis ist ein gut verträglicher, wirksamer Impfstoff zur Vorbeugung der Ansteckung mit dem Coronavirus. Der Bedarf des Einzelnen ist zudem eine einfache Verabreichung, die vor Ort terminierbar ist, ohne lange Wege oder Wartezeiten, und die kaum Nebenwirkungen hat. Entsprechend findet man für ein Bedürfnis verschiedenartige Bedarfe, je nach Lebenssituation des Einzelnen, und wie bei den Impfstoffen unterschiedliche Produkte.

Der Bedarf also bestimmt Ihre potenzielle Nachfrage. Das führt uns zur nächsten Stufe und zur nächsten Frage: Sind Anzeichen oder Symptome für ein neuartiges/innovatives Produkt oder für ein vorhandenes Standardprodukt erkennbar?
Allein schon das Formulieren dieser Frage ist hilfreich, denn eine Potenzialanalyse, die den Bedarf sowohl qualitativ als auch quantitativ erfasst und beschreibt, wird es für Ihre Geschäftsidee so nicht geben. Schließlich betreten Sie mit Ihrer Expertise und Ihrer Geschäftsidee Neuland, machen sich also dorthin auf, wo andere noch nicht waren. *Blue Ocean* statt *Red Ocean*!*
Jetzt wird auch sehr deutlich, welche Art von Unternehmer Sie werden. Besteht Ihre Unternehmensidee darin, Dinge besser zu machen oder etwas gänzlich Neues anzubieten? Der erste Ansatz, Dinge besser zu machen, kann sowohl durch Optimierung, zum Beispiel bei der Produktion, aber auch im Marketing durch bessere Ansprache einer bestimmten Zielgruppe, durch geschicktes Einkaufen oder durch die Kombination von alledem erreicht werden. Solche Art von Angeboten und Geschäften finden Sie oft im täglichen Leben. Wenn Sie durch ein Gewerbegebiet in der Nachbarschaft fahren oder einen Stadtbummel machen, werden Sie ohne Schwierigkeiten viele Varianten dieser Art von Unternehmen und Geschäftsideen finden, vom Metallverarbeiter über den Coffee to go bis hin zu einem medizinischen Check-up. Den gibt es tatsächlich mitten in der Innenstadt von Hamburg, schräg gegenüber von der Oper. Hier ist es relativ einfach, den Bedarf qualitativ und quantitativ zu erfassen. Er wird nämlich schon bedient. Wie gesagt, liegt die jeweilige Geschäftsidee darin, es besser als das vorhandene Angebot zu machen. Das kann dann durch eine größere Auswahl, längere Öffnungszeiten, schönes Ambiente, günstigere Preise oder sonst wie erfolgen. Eine sehr gute Wettbewerbsanalyse ist hier unerlässlich. Diese ist in der *Red-Ocean*-Situation fast noch wichtiger als die Potenzialanalyse. Sie befinden sich dann in der Lebenswelt der Optimierer und Arbitrageure.

So wie ich das gerade schreibe, mag das etwas abwertend klingen. Das ist es aber nicht! Ökonomisch sind diese Formen des Unternehmertums extrem wichtig. Sie erhöhen die Konkurrenz und sorgen dafür, dass die Preise relativ niedrig bleiben, ein reichhaltiges Angebot entsteht, ohne dabei zu sehr Ressourcen zu verschwenden. Kurz, sie sorgen für funktionierende Märkte und wir alle als Nachfrager profitieren davon. Wer einmal Monopolstrukturen erlebt hat, weiß genau, wie es sich anfühlt, auf das eine Produkt warten zu müssen und dann noch zu viel dafür zu zahlen.

Ihre Lebenswelt ist jedoch die des Innovators oder Market Makers. Sie wollen den *Blue Ocean* mit Ihrem Geschäft befahren. Dazu müssen Sie eine neue Nachfrage erzeugen oder wecken und dann auch bedienen und an sich binden. Die Betonung liegt hier auf *neu*, also noch nicht vorhanden. Das macht es für Sie schwierig, den Bedarf qualitativ und quantitativ zu erfassen. Es gibt keine Erfahrungswerte, geschweige denn belastbare Daten für Ihre Geschäftsidee. Qualitativ können Sie den Bedarf noch relativ einfach durch gezielte Individualgespräche oder sogar durch Paneldiskussionen abschätzen. Paneldiskussionen sind Diskussionen, bei denen Vertreter der angepeilten Zielgruppe eingeladen werden und, durch einen Moderator geführt, die bestimmten Eigenschaften Ihres Produktes diskutieren. Sie selbst nehmen an der Diskussion nicht teil. Sie sind nicht einmal mit in demselben Raum. Sie beobachten diese Diskussion nur. Quantitativ hingegen ist es kaum möglich, belastbares Zahlenmaterial aus der Vergangenheit zu finden. Es gibt zwar Unternehmensberatungen, die

* W. Chan Kim, Renée Mauborgne: *Der Blaue Ozean als Strategie. Wie man neue Märkte schafft, wo es keine Konkurrenz gibt.* München und Wien, 2005. Der *Red Ocean* ist der Atlantik und der *Blue Ocean* entspricht dem Pazifik. Im Vergleich zum Pazifik ist der Atlantik in der Schifffahrt ein viel befahrener Ozean. Als Sinnbild fürs Geschäft steht der *Red Ocean*/Atlantik für großen Wettbewerb, hohen Preisdruck und geringe Gewinnmargen. Der *Blue Ocean*/Pazifik dagegen bietet die Möglichkeit, hohe Gewinnmargen zu erzielen. Es besteht kaum Wettbewerb, oft ist man hier der einzige Anbieter, allerdings muss man sich seine Nachfrage selbst schaffen. Und das ist die Verbindung zu unserer Fragestellung.

sich auf solche Marktabschätzungen und Potenzialanalyse spezialisiert haben. Aber auch diese arbeiten in der Regel mit Analogien, Szenarien und Abschätzungen, was die Größenordnungen der möglichen Nachfrage angeht. Auch diese Spezialisten geben Ihnen am Ende keine Garantie. Das bleibt an Ihnen hängen. Letztlich müssen Sie diese Hinweise oder Symptome, die Sie oder die von Ihnen beauftragten Spezialisten gefunden haben, bewerten und einschätzen. Wie bereits erwähnt, ist diese Erkenntnis nicht neu: Der Ökonom und Zeitgenosse von Joseph Schumpeter Frank Knight hat das bereits in den Zwanzigerjahren des letzten Jahrhunderts in seiner Dissertation *Risk, Uncertainty and Profit* beschrieben.[5]

Ausgangspunkt seiner Überlegungen war das Phänomen, dass die Gewinne von Unternehmen in derselben Branche unterschiedlich hoch ausfielen. Eigentlich sollen Gewinne unter Wettbewerbsbedingungen nicht möglich sein, da der Eintritt neuer Unternehmer die Preise drücken und die Gewinnspannen zunichtemachen würde. Im Zug der Erklärung dieses Paradoxons findet Knight den Unterschied zwischen kalkulierbarem Risiko auf der einen Seite und nicht bekannter Unsicherheit auf der anderen Seite.

Knight argumentiert, dass das Risiko aus sich wiederholenden Ereignissen resultiert, die es daher ermöglichen, Wahrscheinlichkeiten zu berechnen und in Entscheidungen einzubeziehen, wie dies beispielsweise bei Versicherungen der Fall ist. Wir hatten das bereits weiter oben diskutiert. Ungewissheit hingegen resultiert aus Ereignissen, die nicht vorhersehbar sind und auf die man sich daher nicht vorbereiten kann. Nach Knight ist es das Zusammenspiel zwischen Risiko und Unsicherheit einerseits und dem Wettbewerb zwischen etablierten und neuen Unternehmern andererseits, das die enormen Rentabilitätsunterschiede zwischen den Unternehmen und bei denselben Unternehmen im Laufe der Zeit erklärt. Seine Erkenntnisse über die Quellen des Gewinns haben die moderne Wirtschaftstheorie und die Entwicklung eines nützlichen Verständnisses der Wahrscheinlichkeit entscheidend geprägt.

Genau da liegt Ihre Herausforderung. Das ist sogar viel zu schwach formuliert. Das ist für Sie die Krux, das Dilemma, das Unangenehme, das nur Sie allein lösen können, das Sie aber auch von allen anderen unterscheidet. Mehr als die Gretchenfrage, eher Hamlet …
Sie haben keine verlässlichen Daten. Sie haben nur Andeutungen, bestenfalls Indikatoren und Hinweise. Das bedeutet: Sie können keine Wahrscheinlichkeiten heranziehen und berechnen, welche Handlungsalternative die richtige ist. Sie müssen unter Unsicherheit entscheiden und riskieren damit, zweifach danebenzuliegen. Das zeigt der Entscheidungsbaum auf der dritten Stufe, nämlich die Chance verpasst oder den Bedarf überschätzt zu haben.
Gab es einen Bedarf für ein neuartiges Produkt, aber Sie haben die Hinweise oder Symptome nicht richtig gedeutet und sich für ein Standardprodukt oder dafür entschieden, nicht aus Ihrem technologischen Wissen ein Produkt zu entwickeln, haben Sie diese Chance verpasst. Das klingt erst mal gar nicht so schlimm. »Es gibt ja immer wieder neue Möglichkeiten«, wird der eine oder andere denken. Den Zahn muss ich Ihnen jedoch sofort ziehen. Eine verpasste Chance kommt nie wieder. Schlimmer noch, solche Chancen sind sehr, sehr selten. Wahrscheinlich war das Ihre einzige. Wie der Erfolg Ihr Leben verändert hätte, brauche ich Ihnen nicht auszumalen. Sie haben wahrscheinlich selbst eine gute Vorstellung davon.
Gab es hingegen keinen Bedarf für ein solches neuartiges Produkt, aber Sie haben es dennoch gewagt, aus Ihrer Technologie ein Produkt zu entwickeln, lagen Sie vollkommen daneben, keiner will Ihr Produkt kaufen. Sie haben nur Ausschuss produziert und viele Ressourcen vergeudet, für die Sie zu alledem jetzt noch die Rechnungen bezahlen müssen. Personalkosten, Materialkosten, Mieten und – das nervt am meisten – Beratungskosten. Das kann sehr, sehr schmerzlich sein und Ihre wirtschaftliche Existenz mehr als gefährden. Auch das brauche ich Ihnen nicht auszumalen.

Um diesen Gedankengang mit Blick auf Ihren Entscheidungsbaum abzurunden, muss man feststellen, dass diese Beurteilung – gemeint ist jetzt nicht der Prozess des Beurteilens und Entscheidens selbst, so wie oben erklärt, sondern das Ergebnis dieses Prozesses – sehr individuell ist. Es ist Ihre Beurteilung, es ist Ihre Entscheidung. Nicht die Entscheidung eines anderen, die Sie übernehmen, selbst wenn ein anderer sagt: »Ich habe entschieden, dass du das jetzt machst.« Und auch dann, wenn Sie es wirklich machen sollten, ist es Ihre Entscheidung.

Das hat zur Folge, dass dieses Ergebnis, Ihre Entscheidung, nicht verhandelbar und somit auch nicht zu versichern ist. Das klingt vielleicht etwas befremdlich, aber das erklärt, warum es keinen Markt für Unternehmensideen gibt, mit Anbietern, die Unternehmensideen entwickeln und zu einem Preis, den sie selbst ermittelt haben, verkaufen, und Nachfragern, die bereit sind, diesen Preis zu zahlen, die Unternehmensidee zu kaufen und sie auf eigenes Risiko umzusetzen. Gäbe es einen solchen Markt, wären wir alle wahrscheinlich auf der Angebotsseite zu finden und würden uns wundern, warum man uns unsere genialen Ideen nicht sofort abkauft. Würden Sie mir eine solche Idee abkaufen? Was wäre der Preis, den Sie bereit sind zu zahlen, wenn ich Ihnen von einem potenziellen Umsatzvolumen von, sagen wir, 100 Millionen Euro berichte und großzügigerweise bereit bin, Ihnen diese Idee für nur fünf Millionen Euro zu überlassen? Da kommt einem wohl eher die *Sesamstraße* mit Ernie und Schlemihl in den Sinn. Genau!

Bitte verwechseln Sie dies nicht mit den vielen Beteiligungsbörsen! Dort ist bereits diese unternehmerische Entscheidung gefallen. Falls das nicht der Fall sein sollte (auch das kann passieren), ist es nur eine Frage der Zeit, bis das Engagement der Investoren und dann das Unternehmen beziehungsweise die Unternehmensidee kollabiert.

Kurz, Sie allein tragen das volle Risiko. Wenn Sie so wollen, ist diese Ihre Beurteilung die ultimative Entscheidung. Allgemein gesprochen ist somit jede unternehmerische Entscheidung für sich selbst genommen einzigartig. Vielleicht verstehen Sie jetzt, warum man Unternehmern nachsagt, dass sie sehr selbstbewusst seien. Ohne den Glauben an den Erfolg der Geschäftsidee und die eigenen Fähigkeiten, die wir noch im Lauf dieses Buches besprechen werden, wird es nicht funktionieren. Andererseits ist ein überzogener Optimismus auch nicht hilfreich. Schlimmer noch, eine solche Haltung kann sogar ins Verderben führen – ähnlich wie bei Menschen, die keine Schmerzen spüren. Diese werden nicht sehr alt. Es fehlt das Regulativ.

Verlassen wir jetzt die Vogelperspektive und kommen zurück auf den Boden. Sie sind jetzt gefordert! Wie heißt es so schön? *The first thing is to convince yourself.* Glauben Sie an Ihre Geschäftsidee oder nicht? Und denken Sie daran: Der Köder muss dem Fisch und nicht dem Angler schmecken. Tatsächlich hat mir persönlich bei der Klärung dieser Frage der *Elevator Pitch* sehr geholfen. Ich habe unseren *Elevator Pitch* ganz gezielt bei Entscheidern meiner potenziellen künftigen Kunden angebracht und beobachtet, wie sie reagieren. Deren Körpersprache war fast noch aufschlussreicher als die gesprochene Antwort. Diese war natürlich sehr freundlich und höflich formuliert. Die Körpersprache hingegen war sehr klar und deutlich. Nur entsprechend trainierte Menschen wie Schauspieler können diese verstellen. Eine Herausforderung war, dass wir in unserer Branche des Spezialmaschinenbaus einen verhältnismäßig überschaubaren Kundenstamm bedienen, anders als beispielsweise im Konsumgütergeschäft. Für uns lag die Herausforderung darin, dass wir sehr genau den Bedarf unserer Kunden treffen mussten. Viele Schüsse hatten wir nicht. Das Problem ist folgendes: Sie können Ihren Kunden nicht fragen, welchen Bedarf er künftig haben wird. Er kennt ihn ja noch gar nicht. Erinnern wir uns an das Bonmot, das man Henry Ford zuschreibt: »Wenn ich die Leute gefragt hätte, was sie wollen, hätten sie gesagt: schnellere Pferde.« Deswegen ist der *Elevator Pitch* eine gute Methode, Ihre künftigen Kunden auf neue Gedanken zu bringen, aber auch um für sich selbst Gewissheit zu erlangen, ob Ihre Geschäftsidee den Nerv Ihrer Kunden treffen wird und diese bereit sein werden, dafür Geld ausgeben. Interessanterweise wird der *Elevator Pitch* selten so eingesetzt. Viel häufiger wird er bei den mittlerweile so populären Investitionsbörsen verwendet, um künftige Investoren zu ködern. Diese haben in der Regel jedoch keine tiefe Kenntnis des von Ihnen anvisierten Marktes. Dieser Gruppe dient Ihr *Elevator Pitch* zunächst als eine Art Plausibilitätscheck und dann als sexy Werbeslogan. Das ist auch wichtig. Aber, ich wiederhole mich, noch wichtiger sind Ihre Kunden. Diese werden Ihnen und Ihren Investoren das Geld geben. Allerdings nur, wenn sie von Ihrem Produkt überzeugt sind. Nutzen Sie den *Elevator Pitch* bei Ihren zukünftigen Kunden also für Ihren eigenen Plausibilitätscheck, bevor Sie versuchen, Investoren damit zu überzeugen. Nicht andersherum.

Das Entscheiden, also das Auswählen der entsprechenden Handlungsalternative, ist relativ leicht. Sie sagen einfach: »Ich mach's!« Sie trauen sich, Ihre Idee weiterzuverfolgen. Jetzt können Sie auf diese Entscheidung anstoßen und sie feiern. Der schwierige Teil kommt später. Deutlich später. Genau dann, wenn Sie bereits mitten im Aufbau Ihres Unternehmens sind. Nicht bei den ersten Schwierigkeiten. Die meistern Sie vermutlich noch recht zuversichtlich und mit großem Zutrauen. Ins Hadern kommen Sie, wenn erneut Hindernisse auftreten, Ihr Zeitplan und Ihr Budget aus dem Ruder zu laufen drohen und Ihre Zweifel, die Sie natürlich immer mit sich rumtrugen, aber nie Dritten mitgeteilt haben, immer stärker werden. In solch einer Situation immer noch zu seiner Entscheidung zu stehen, zu sagen: »Ja, so wollte ich es, so habe ich es entschieden!«, das wird dann schon schwieriger. Sie müssen lernen, mit den Konsequenzen zu leben.

Wenn Sie davor keine Angst haben, immer noch an Ihre Geschäftsidee und an Ihre Fähigkeiten glauben und bereit sind, mit den Risiken und Konsequenzen zu leben, dann sollten Sie es wagen und entscheiden: »Ich mach's!«

Ab jetzt sind Sie ein Unternehmer.

Weiterführende Literatur

- Kim, W. Chan/Mauborgne, Renée: *Der Blaue Ozean als Strategie. Wie man neue Märkte schafft, wo es keine Konkurrenz gibt.* München und Wien 2005.

Sehr eingängig geschrieben, sicherlich eine gute Ergänzung zu diesem Buch.

- Knight, Frank Hyneman (1921): *Risk, Uncertainty, and Profit*, Boston, New York.

Eher etwas für interessierte Ökonomen.

Anwendungskonzepte, aus Erfahrung gelernt:

- Entscheidungsmatrix
- Entscheidungsbaum

3. RICHTIG STARTEN – RICHTIG DIMENSIONIEREN

Jetzt sind Sie ein Unternehmer. »Ein Unternehmer hat natürlich ein Unternehmen, sonst ist man doch kein echter Unternehmer«. Das könnten jetzt Ihre Gedanken sein und andere aus Ihrem Umfeld meinen das auch. Sie haben so lange nachgedacht, Ihre Entscheidung sorgfältig abgewägt, Ihr Umfeld genervt und es schließlich gewagt. Jetzt wollen Sie loslegen und Sie gründen eine Firma, Ihr Unternehmen. Sie sind jetzt nicht nur ein Unternehmer, Sie sind jetzt auch ein Gründer. »Gründer«, das neue Trendwort der Start-up-Szene. Jetzt gehören Sie auch dazu.
Jetzt soll das beginnen, was eigentlich richtig Spaß macht und was vor allem das Unternehmertum ausmacht. Das, was man von den Start-ups gehört oder sogar bei Besichtigungen gesehen hat. Start-ups besichtigen, so wie man eine Kirche oder ein Schloss besichtigt, das passiert wirklich! Sie möchten jetzt so richtig und ungebunden loslegen. Schließlich sind Sie Ihr eigener Herr. Das fängt schon mit der Wahl des Standorts, der Einrichtung und der Gestaltung des Büros an und geht weiter über den Webauftritt bis hin zu den sogenannten Stationairies, das sind Visitenkarten und Briefpapier, und endet bei der Wahl der Kaffeemaschine. Vielleicht ist sogar noch eine Lounge-Ecke geplant. Apropos Visitenkarten: Ihre neuen Titel. Sie sind jetzt CEO und Eigentümer oder geschäftsführender Gesellschafter, President oder Chairman. Sie können jeden Titel, den Sie attraktiv finden, wählen. Es gibt keine Einschränkungen.

Sie sind der Boss.
Inhaltlich werden Sie vermutlich zunächst mit einem Projekt einsteigen. Vermutlich ist dieses Projekt dasselbe, welches bei Ihnen die Idee, unternehmerisch tätig zu werden, ausgelöst hat. Allerdings binden Sie sich ohne Not einen großen und schweren Sack auf den Rücken. Eine Gesellschaft verursacht sofort Kosten, auch ohne jegliche wirtschaftliche Aktivität, angefangen vom Handelskammerbeitrag über die Berufsgenossenschaftsbeiträge bis hin zum Jahresabschluss. Das mag alles für sich genommen nicht viel sein, aber es läppert sich.
Wenn Sie zu allem Überfluss noch meinen, zu einem Unternehmen gehören Mitarbeiter, dann haben Sie nicht nur die monatlichen Gehaltszahlungen zu leisten, Sie müssen auch die Lohnsteuer und die Sozialversicherungsbeiträge zahlen. Gehaltszahlungen kann man strecken oder durch Mitarbeiterbeteiligungen kompensieren, allerdings nur, wenn die Mitarbeiter dazu bereit sind. Das ist oft bei den Starts-ups der Fall. Warum wohl? Die Lohnsteuer und Sozialversicherungsbeiträge müssen Sie aber immer pünktlich zahlen. Merken Sie sich den 15. und den 26. eines jeden Monats. Wir sprechen darüber noch in Kapitel 7. Auf einmal müssen Sie im 2-Wochen-Takt über Ihre Liquidität nachdenken, während die eigentlichen Themen wie Ihre Produktentwicklung viel wichtiger wären. Sie befinden sich dann im Trade-off zwischen »wichtig« und »dringend«. Etwas, das dringend ist, muss nicht zwingend wichtig sein. Und umgekehrt, etwas, das wirklich wichtig ist, muss nicht zwingend dringend sein. Leider gewinnt in der Praxis fast immer »dringend«, selbst dann, wenn es überhaupt nicht wichtig ist. In diese Falle sollten Sie nicht hineintappen.
Wie Sie unschwer merken, halte ich nichts von einem solchen Vorgehen. Gründen ist keine Kunst. Das können Sie sehr schnell bewerkstelligen. Entweder Sie kaufen sich eine Vorratsgesellschaft oder aber Sie gründen eine Unternehmer GmbH oder, noch schneller, Sie gründen eine Gesellschaft bürgerlichen Rechts. Das geht in der Tat sofort. Fast alle Start-ups, die mir

vorgestellt wurden, haben viel zu früh gegründet und hingen voll in dieser Falle. Sie hingen richtiggehend fest.
Fast immer, um nicht ganz so apodiktisch zu wirken, wurde aus drei Beweggründen zu früh gegründet. Den einen Grund habe ich schon genannt. Man könnte ihn auch den euphorischen Beweggrund nennen. Sie sind jetzt ein Unternehmer und Sie wollen jetzt auch Ihr Unternehmen! Ein weiterer Grund liegt in einer Fehleinschätzung. Man denkt, man sei schon im Übergang vom Produkt zum Geschäft und gründet nun endlich das Unternehmen, um das Geschäft nun auch wirklich zu tätigen. Allerdings befindet man sich noch in der Phase des Übergangs von der Technologie zum Produkt oder, noch früher, in der Technologieausreifungsphase. Oft liegt genau dort die Ursache dieser Fehleinschätzung. Man schaut nur auf den Technologiereifegrad*. Dieser aber sagt nichts über eine mögliche Vermarktung Ihres Produktes aus. Sie als Unternehmer müssen jedoch Angebot und Nachfrage zusammenführen. Das ist Ihre Aufgabe. Ihre Technologie muss sich in ein Produkt formen lassen und dieses Produkt muss auf eine zahlungsfähige Kundschaft treffen. Wie Sie bereits wissen, kann man eine Technologie für sich genommen nicht kaufen. Auch kann es passieren, dass man zu früh gegründet hat, obwohl man seine Situation richtig eingeschätzt und sich selbst sogar richtig in einer der sechs Phasen des Übergangs von der Technologie zum Geschäft verortet hat. Man hat in diesem Fall leider den Aufwand, ein veritables Produkt zu liefern, deutlich unterschätzt. Später werden wir uns

* Technologiereifegrad. Dazu gibt es sehr viel Literatur. Die Idee, eine Technologie in verschiedene Reifegrade einzuteilen, kommt aus der Raumfahrt. In der NASA fiel es auf, dass zwischen den Wissenschaftlern und den Missionsplanern eine deutliche Diskrepanz in der Wahrnehmung und Beurteilung (das kennen Sie ja!) zwischen dem beabsichtigten und tatsächlichen Nachweis, dass die jeweilige Technologie dafür bereit ist, besteht. Um diese Diskrepanz zu überwinden, wurde eine damals siebenstufige Skala zur Beurteilung der Bereitschaft entwickelt. Stufe 1 ist quasi die reine Idee oder der Geistesblitz, Stufe 9 die im Weltraum erprobte und überprüfte fertige Technologie. Prüfen Sie selbst mal, wo Sie sich verorten.

dazu die sogenannte Faktor-14-Regel ansehen. Das Unglückliche an dieser Situation ist, dass der Unternehmer plötzlich in große finanzielle Bedrängnis kommt und dringend Liquidität, also Geld auf dem Konto, benötigt. Dieser Zustand kam meistens erst in der dritten Gesprächsrunde heraus, als wir gemeinsam den konkreten Finanzbedarf festlegen wollten. Wie können wir diese Falle umgehen? Nicht zu früh gründen, lautet die Antwort.

Aber wann sollte man dann sein Unternehmen gründen? Auch auf diese Frage ist die Antwort recht banal: Das kommt darauf an, was Sie vorhaben. Also vor allem darauf, was Ihre Kerntechnologie ausmacht und wie viel Aufwand damit verbunden ist. Eine IT-Technologie, wie zum Beispiel eine App auf der Basis eines KI-Algorithmus, benötigt einen relativ überschaubaren Aufwand an Programmierern, Rechnern und Räumen im Gegensatz zu einer biochemischen Entwicklung, bei der man gut ausgebildete Forscher und Techniker benötigt, aber auch Reinräume, entsprechende Schutzvorgaben, Dokumentationen und Gerätschaften sowie Probanden für die anstehenden Studien, allein um die ersten Schritte zu tätigen. Selbst bei unseren Plasmen brauchen wir entsprechende Plasmaquellen, eine Starkstromversorgung, Maschinen, die die Substrate führen, die Substrate selbst sowie eine Werkshalle, Büros und natürlich entsprechendes Personal.

Nebenbei bemerkt ist das einer der Gründe für die dynamische Technologieentwicklung in der IT. Verglichen mit anderen Branchen ist es nicht ganz so aufwendig, aus einer Technologie ein Produkt, eine App, zu entwickeln. Weniger Hardware und weniger Probanden, weniger Materialverschleiß. Und damit ist es auch relativ günstig. Dieses Produkt, diese App, hat aber, wenn sie denn am Markt reüssieren sollte, einen hohen Hebel. Ökonomisch gesprochen sind die zusätzlichen Kosten für eine zusätzliche Nutzung durch einen neuen Kunden fast null Euro. Das Programm ist ja bereits geschrieben. Das bedeutet, der zusätzliche Gewinn, der durch diesen Neukunden hereinkommt, entspricht fast zu hundert

Prozent dem zusätzlichen Umsatz durch ebendiesen Neukunden. Relativ günstig also in der Entwicklung, sehr profitabel im Vertrieb, das macht die IT-Branche so attraktiv und deswegen versuchen dort leider so viele ihr Glück. Wieso leider? Weil die Produktentwicklung und die Vermarktung nicht allein vom Glück abhängen sollte. Es ist keine Lotterie. Vielmehr sollte hier gutes unternehmerisches Handwerk zum Tragen kommen und ein bißchen Fortune ist natürlich auch hilfreich. Aber das ist erstaunlicherweise nicht oft der Fall. Vielleicht kann auch hier dieses Buch unterstützen.

Zurück zu der Beantwortung der gerade gestellten Frage: Wie können Sie die Fälle der plötzlichen Liquiditätsnot umgehen? Eine grobe Marschrichtung kann Ihnen diese Antwort bieten: zunächst Ihr Projekt zu einem erfolgreichen Abschluss führen und dann aus diesem heraus die Produktentwicklung starten, dann den Businessplan schreiben, dann gründen und, wenn möglich, erst dann kündigen. Bitte nicht anders? Die ersten beiden Punkte besprechen wir in diesem, den Businessplan und die Investorensuche im nächsten Kapitel.
Neben der inhaltlichen Projektarbeit besteht Ihre zusätzliche Aufgabe darin, die Übersicht zu behalten. Das ist allein Ihr Job. Das dürfen Sie nicht delegieren. Mir hat dabei ein Konzept sehr geholfen, das ich jetzt vorstellen werde. Es mag vielleicht etwas holzschnittartig erscheinen, aber eine detailliertere Darstellung macht es schwierig, die Übersicht zu behalten und der Teufel steckt noch in vielen Details, insbesondere bei der Ausarbeitung Ihrer Technologie oder bei der Produkterstellung. Dazu kommen wir nun. Dieses Konzept kommt aus dem Hightechmarketing. Worauf man dabei achten muss, hat Geoffrey Moore in seinem zweiten Buch auf den Punkt gebracht.[6] Ich werde Ihnen hier diesen Ansatz einigermaßen ausführlich in meinen eigenen Worten vorstellen und anhand meiner Erfahrungen kommentieren. Der Grund liegt darin, dass ich die-

sen Ansatz für sehr wichtig halte und er einfach immer noch nicht besonders bekannt ist. Meines Erachtens ist das einer der Gründe, weswegen viele gute Geschäftsideen scheitern. Auf alle Fälle empfehle ich Ihnen sehr, dieses Buch zu lesen und nicht nur bei YouTube einen Talk anzusehen. Das Kernstück ist der sogenannte Technologie-Akzeptanz-Lebenszyklus. Er beschreibt das unterschiedliche Verhalten, wie und in welcher Reifephase neue Technologien akzeptiert und angewendet werden. Das Spektrum reicht von der spontanen Begeisterung durch Technologieenthusiasten bis hin zur Ablehnung durch die Skeptiker. Insgesamt hat Moore fünf Verhaltensweisen identifiziert, die ich kurz vorstellen werde.

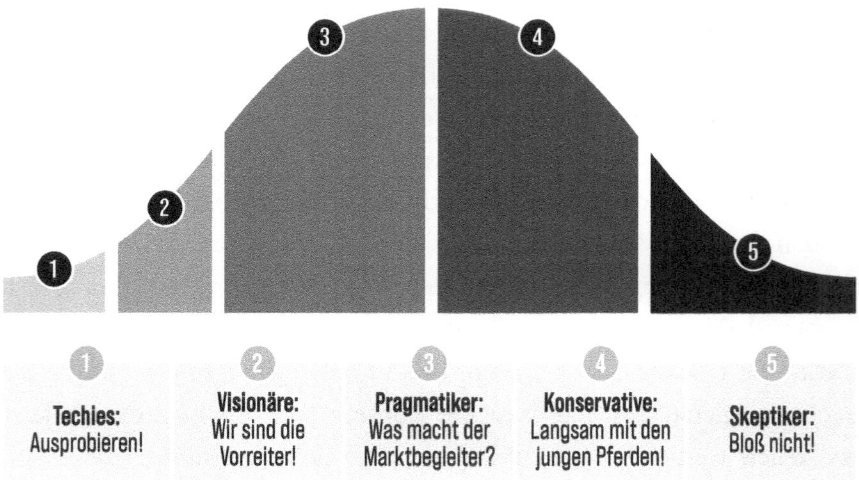

Abbildung 3.1: Technologie-Akzeptanz-Zyklus nach Geoffrey Moore

Die erste Gruppe sind die bereits erwähnten Technologieenthusiasten. Sie sind sehr neugierig. Auf sie üben neue Technologien eine starke Anziehungskraft aus. Sie möchten sie einfach kennenlernen. Ihnen gefällt es, diese Technologien in einem frühen Stadium auszuprobieren und zu testen, gerade wenn diese noch nicht ausgereift sind. Gerade das fasziniert sie umso mehr. Sie können dann sogar noch ihren eigenen Beitrag zur Weiterentwicklung leisten. Aus diesem Grund wäre allerdings ihre Zahlungsbereitschaft für die Nutzung dieser Technologie nicht besonders hoch. Sie erwarten eher einen freien und für sie kostenlosen Zugang. Mit ihnen zusammenarbeiten bedeutet, ihnen möglichst ungehindert Zugang zu den Wissensträgern zu geben. Für Sie und die Weiterentwicklung dieser Technologie sind die »Techies« die Brücke oder der Übergang zu der zweiten Gruppe.

Diese zweite Gruppe sind die Visionäre, die ersten beziehungsweise frühen Anwender. Anders als die Vertreter der ersten Gruppe denken sie geschäftsorientiert. Sie wollen einen großen Wettbewerbsvorsprung mittels eines revolutionären Durchbruchs erzielen, der erst durch diese Technologie möglich wird. Die Visionäre lieben sogenannte disruptive Innovationen, weil diese bestehende Marktstrukturen und vorhandene Wertschöpfungsketten aufbrechen. In den daraus hervorgehenden Geschäftsmöglichkeiten sehen sie enormes Potenzial für hohe Gewinne. Dafür sind sie bereit, ein hohes Risiko einzugehen. Sie sind auch willens, fehlende Bausteine für eine mögliche Nutzung selbst beizusteuern. Ihnen ist der künftige (hohe) Gewinn wichtiger als ein günstiger Preis jetzt. Allerdings drücken sie ziemlich auf die Tube. Sie fordern eine schnelle Vermarktung. Außerdem verlangen sie viel persönliche Unterstützung und individuelle Anpassung an ihre Bedürfnisse. Durch den Beitrag der Vertreter dieser Gruppe kann die Technologie eine erste noch sehr spezielle Marktreife erlangen. Mit den Visionären zusammenzuarbeiten, macht großen Spaß. Man kommt in der Sache richtig vorwärts. Die Beschreibung dieser Gruppe wird Ihnen vielleicht bekannt vorkommen. Höchstwahrscheinlich verorten Sie sich selbst in dieser Gruppe. Ich habe schließlich fast identische Worte wie bei der Beschreibung des Market Makers und des Innovators verwendet. Und genau in dieser Ähnlichkeit liegt auch die Krux, die Sie auf alle Fälle vermeiden müssen. Das erkläre ich später.

Um es bereits vorwegzunehmen: Die dritte Gruppe, Moore bezeichnet sich als Pragmatiker, ist Ihre eigentliche Zielgruppe, nicht die Visionäre. Diese müssen Sie als Kunden gewinnen! Ich werde das noch öfters und ausführlich darlegen. Ähnlich wie die vierte Gruppe sind Vertreter dieser Gruppe meistens in den Führungsetagen etablierter Unternehmen zu finden. Ihre unternehmerische und ökonomische Funktion ist die des Optimierers oder Routinen-Unternehmers, aber auch des Arbitrageurs, so wie im ersten Kapitel beschrieben. Sie erinnern sich, Routinen deswegen, um die Kostenposition niedrig zu halten, das Rad nicht immer neu erfinden zu müssen und um Ressourcen zu sparen. Effizienz ist das dominante Thema. Allerdings, und das unterscheidet diese Gruppe von der folgenden, sind sie aktiv auf der Suche nach dauerhaften Verbesserungen ihrer Produktivität, also zwischen dem Verhältnis von Output und eingesetztem Input. Sie sind sehr im Hier und Jetzt und getrieben durch tägliche Probleme. Ihre vornehmliche Fähigkeit liegt im Lösen von Problemen. Oft neigen sie dazu, Dringendes vor Wichtiges zu stellen, auch wenn Ihnen dieser Trade-off sehr bewusst ist. Sie sind echte Profis. Sie fordern bewährte Produkte und Lösungen und kaufen daher lieber beim Marktführer. Sicher ist sicher. Sie verlangen immer Referenzen von anerkannten, vertrauensvollen und zuverlässigen Marktpartnern, die sie zudem mit eigenen Augen inspizieren wollen. Das ist für Sie als Innovator nicht ganz leicht zu liefern. Denn Sie haben schließlich mit Ihrer Geschäftsidee Neuland betreten und da gibt es noch nichts Bewährtes. Aber die Pragmatiker wollen eben keine Idee, sondern ein ausgereiftes und bewährtes Produkt, das ihnen bei der Lösung ihrer Probleme hilft, ohne neue Probleme zu verursachen. Diese Gruppe ist für Sie der Schlüssel zu einem nachhaltigen Erfolg. Gelingt es Ihnen, dort Fuß zu fassen, dann haben Sie den Übergang von der Technologie zum Produkt erfolgreich geschafft. Dann erst können Sie wirklich übers Geschäft reden!

Die vierte Gruppe ist, wie bereits erwähnt, der dritten sehr verwandt. Auch sie sind die »klassischen Unternehmer« oder Manager. Allerdings verhalten sich Vertreter dieser Gruppe eher etwas abwartend. Auch sie haben viele Erfahrungen in ihren jeweiligen Märkten. Aber ihre Motivation liegt darin, Wettbewerbsnachteile auf jeden Fall zu vermeiden. Sie sind eher risikoscheu oder risikoaversiv und sehr preissensibel. Gern konsultieren sie einen einzigen vertrauenswürdigen Berater oder sind sogar auf diesen angewiesen. Das merkt man immer, wenn der Anwalt oder Steuerberater gleich mit am Tisch sitzt oder vor einer Entscheidung noch befragt werden muss. Moore bezeichnet sie daher als Konservative. Mit ihnen Geschäfte zu machen, bedeutet für Sie, ein ausgereiftes Gesamtpaket zu installieren inklusive aller dazugehörigen Serviceleistungen. Für die man aber nicht extra zahlen möchten. All inclusive … Mit Vertretern dieser Gruppe können Sie Ihr Geschäft ausbauen und optimieren, aber nicht starten. Dennoch, und das ist die gute Nachricht: Wenn Sie diese Gruppe zu Ihren Stammkunden zählen, haben Sie sich selbst auch vom Market Maker oder Innovator zum Optimierer entwickelt. Ihr Geschäft beziehungsweise Ihr Unternehmen sollte dann auch einen recht beachtlichen Wert besitzen.

Die fünfte und letzte Gruppe legt hingegen wieder ein gänzlich anderes Verhalten an den Tag. Moore bezeichnet sie als Skeptiker und Nachzügler. Sie wiederum hätten es gerne so, wie es derzeit ist, den Status quo erhaltend. Vertreter dieser Gruppe sind nicht zwingend in der Geschäftsführung eines Unternehmens zu finden, sind aber meistens sehr lange im Unternehmen. Sie sind in der Tat sehr gut darin, Marketing-Hypes zu entlarven. Argumenten zur Produktivitätssteigerung schenken sie keinen Glauben. »Das hatten wir doch alles schon«, hört man oft von ihnen. Sie nehmen auch gerne gegenteilige Positionen ein und versuchen, den Einsatz einer neuen Technologie und damit den Kauf Ihres Produktes zu verhindern. Diese Gruppe müssen Sie nicht von Ihrem Produkt überzeugen. Im Gegenteil: Meiden Sie sie. Sie stehen in direkter Opposition zu der zweiten Gruppe und bremsen Sie nur aus.

Auf die Gefahr hin, mich zu wiederholen: Ihnen sollen diese fünf verschiedenen und zugegebenerweise relativ grob umrissenen Sicht- und

Verhaltensweisen im Hinblick auf eine mögliche Anwendung von Technologien helfen, wie sich Ihre Geschäftsidee, geboren aus einer Technologie, zu einem Produkt entwickeln muss, um damit wirklich ein Geschäft zu generieren. Diesen Dreiklang Technologie – Produkt – Geschäft richtig zu spielen, ist die ganz große Kunst.
Wie gesagt, ist dabei das Fußfassen bei den Pragmatikern Ihr Schlüssel zum Erfolg. Wenn sich Vertreter dieser Gruppe für Ihre Produkte entscheiden, haben Sie es geschafft. Dann können Sie Ihr Geschäft richtig starten. Leider ist das nicht ganz so einfach, denn zwischen dem frühen Vermarktungsstadium und einem gefestigten, akzeptierten und etablierten Markt klafft ein riesiger Abgrund: zwischen den Visionären, der zweiten Gruppe, und den Pragmatikern, der dritte Gruppe. Moore nennt ihn den »chasm«. Und weil so viele vor Ihnen, die auch eine vielversprechende Geschäftsidee hatten, hineingefallen sind, hat Moore sein zweites Buch nur diesem Phänomen gewidmet. Auch dies habe ich zurate gezogen. Außerdem hat er seine Unternehmensberatung danach benannt: The Chasm Group – er meint es also ernst!

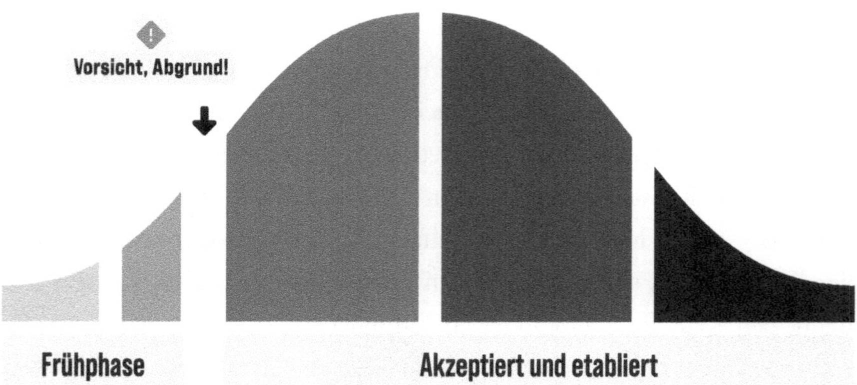

Abbildung 3.2: Die Entdeckung des Abgrundes

Diesen Abgrund müssen Sie überwinden, ansonsten überlebt Ihre Geschäftsidee nicht. Deshalb ist es so wichtig, ihn zu kennen. Das ist so ähnlich wie mit den Gletscherspalten. Als Skitourist weiß ich genau, wo sich diese befinden. Das ist umso wichtiger, wenn es frisch geschneit hat, vor einem ein geschlossenes Schneefeld liegt und man verführt ist, munter draufloszumarschieren.

Wieso aber befindet sich dieser Abgrund gerade dort und nicht zwischen Pragmatikern und Konservativen oder zwischen den Technologieenthusiasten und den Visionären? Das liegt daran, dass diese beiden Gruppen bereits sehr ausgeprägtes Geschäftsinteresse an den Tag legen, aber die Welt gänzlich anders sehen, wie ich es oben beschrieben habe: Sind Sie erst in den Abgrund geraten, ist es für die Visionäre zu spät, um der Erste zu sein. Die Visionäre fürchten, dass *Fast Follower* zu leicht den Wettbewerbsvorsprung aufholen könnten. Für Pragmatiker hingegen ist es noch zu früh einzusteigen und die Produktion entsprechend umzustellen. Wenn sich keiner Ihrer direkten Marktbegleiter oder Konkurrenten für Ihr Produkt entschieden hat, warum sollten sie das dann tun? »Pragmatists stick with the herd«, schreibt Moore. Im Abgrund hängt man so richtig zwischendrin, und keine Seite, weder die der Visionäre noch die der Pragmatiker, ist zu überzeugen. Vermutlich haben Sie beim Kunden mit einem Vertreter aus der Gruppe der Visionäre zusammengearbeitet und sich hervorragend gegenseitig ergänzt. Wenn Sie jetzt voller Stolz Ihre Ergebnisse verkünden, werden Sie feststellen, dass Vertreter der Gruppe der Pragmatiker überhaupt nicht begeistert sind. Hier liegt die vorhin angesprochene Krux. Auch Sie sind eigentlich ein Visionär. Deswegen hat es auch so gut mit Ihrem Partner funktioniert. Sie beide denken in die gleiche Richtung und sind intrinsisch topmotiviert.

Die Vertreter der Pragmatiker jedoch, in ihrer Optimierungsorientierung problemgetrieben und lösungssuchend, gehen vollkommen anders als Sie und die Visionäre an die Dinge heran. Sie arbeiten gänzlich anders als Sie und Ihre bisherigen Partner. Sie als Vertreter aus der Gruppe der Visionäre sind unternehmungslustig, denken »groß«, wollen möglichst früh, auch finanziell, einsteigen und investieren hoch. Sie nehmen die Vorreiterrolle an und wünschen sich die Fähigkeit, den ersten Schlag anzubringen. Sie haben sich zudem große Mühe gegeben, so weit zu kommen. Die Pragmatiker hingegen gehen überlegt vor, versprechen nicht zu viel und wecken damit nicht allzu große Erwartungen. Sie warten ab, schauen auf den Marktbegleiter und halten sich ans Budget, aber sie haben ein immenses Durchhaltevermögen.

Moore macht es anschaulich mit dem Bild, dass die Visionäre die Pragmatiker für Fußgänger und umgekehrt die Pragmatiker die Visionäre für unbesonnen halten.

Ganz entscheidend ist für Sie, dass die Pragmatiker den Referenzen von Visionären misstrauen. Das heißt, Ihre schönen Projektergebnisse sind zunächst für Ihr weiteres Geschäft so nicht nutzbar. Ganz im Gegenteil, sie sind sogar schädlich. Das ist harter Tobak, ich weiß, aber diesen kann ich Ihnen nicht ersparen. Einige in Ihrer Situation, gerade aus dem naturwissenschaftlichen Umfeld, wollten es auch nicht wahrhaben. Ihrer Meinung nach ist dieses Konzept von Moore wissenschaftlich nicht hinreichend fundiert und, wenn überhaupt, nur eine nette Geschichte. Doch glauben Sie mir, viele Unternehmer kennen diesen Abgrund aus leidvoller Erfahrung.

Wie also überwinden Sie den Abgrund? Was sagt der Guru? In der Übergangsphase von der Technologie zu einem Produkt wurden viele der anstehenden und aufgetretenen Probleme von Ihnen bereits erfolgreich gelöst. Vermutlich könnte man sagen, dass Sie so um die 80 Prozent gelöst haben. Dabei befand sich Ihr Part eher auf der Seite der Technologie. Sie haben sich darum gekümmert, dass es wirklich funktioniert und stabil läuft, während Ihr Partner und Kunde die Anpassung an seine spezielle Fragestellung selbst vorgenommen hat. Er hat die restlichen 20 Prozent beigesteuert. Darüber hinaus planen Sie noch weitere Anwendungsmöglichkeiten für mögliche Kundengruppen. Das ist nur verständlich. Sie wollen sich in dieser Phase nicht zu früh festlegen und außerdem erweitert das den Anwendungsbereich Ihrer Technologie (noch nicht Produkt) und macht Sie damit attraktiver für potenzielle Investoren. Ich lasse mich davon auch immer wieder einlullen. Jedoch bedeutet 80 Prozent von vielen Lösungen im Umkehrschluss 100 Prozent von keiner Lösung! Sie wissen jetzt, dass Vertreter der Pragmatiker nur ein ausgereiftes Produkt, eine 100-Prozent-Lösung Ihres Problems erwarten. Anders als Ihr bisheriger Partner und Kunde werden sie keine Lösung kaufen, bei der sie noch einen erheblichen Teil, das sind 20 Prozent, selbst beisteuern müssen. Sie mögen ihnen zwar gut zureden und Mut machen, aber Pragmatiker kaufen keine 80 Prozent.

Wie viele vor Ihnen verspüren Sie jetzt vielleicht die Neigung – und werden es ernsthaft versuchen –, auf die jeweiligen Verbesserungswünsche einzugehen. »Da brauchen wir noch das … und das … und das … und das …« Sie werden sogar eine wahre Meisterschaft darin entwickeln, mittels Schnittmengen und Crosschecks et cetera die häufigsten Verbesserungswünsche Ihrer verschiedenen Kunden herauszufiltern und zu clustern. Das Ergebnis: Die Wunschliste wird immer länger und niemals enden. Dieses Vorgehen ist von vornherein zum Scheitern verurteilt. Es wird Ihnen nie gelingen, die Wunschliste eines Kunden vollständig abzuarbeiten. Daran und vor allem an die heißen Diskussionen intern, was wir als Nächstes angehen wollen, kann ich mich noch sehr gut erinnern. Mann, was haben wir diskutiert und Zeit verloren! Diesem Teufelskreis entrinnen konnten wir erst, nachdem ich dieses Konzept kennengelernt habe und wir uns, genauso wie es Geoffrey Moore sagt und schreibt, auf genau eine Anwendung bei einem konkreten Kunden fokussiert haben. Er nennt diese Anwendung das Brückenkopf-Kundensegment.

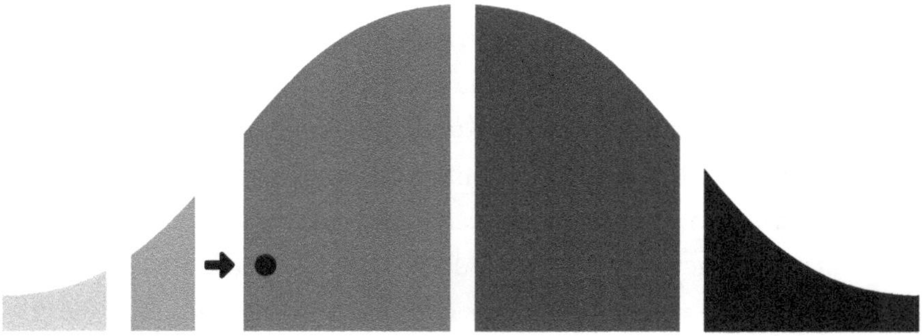

Abbildung 3.3: Der Brückenkopf, eine Anwendung bei einem Kunden

In seinem ersten Buch *Inside the Tornado*[7] nimmt er als Analogie zu diesem Brückenkopf die Strandabschnitte Omaha Beach und Utah Beach während der Landung der Alliierten in der Normandie. Das klingt zwar etwas drastisch, beschreibt aber gut, was einen nun erwarten wird. Gelingt Ihnen nämlich die Landung, sind Sie ein Wettbewerber mit einem erheblichen Vorsprung. Genau das, was Sie sich erträumt und erhofft haben, ist dann eingetreten. Aber Wettbewerber, die vermutlich mehr erahnen als wissen, dass ihnen die Felle wegschwimmen und sie dadurch erhebliche Wettbewerbsnachteile erleiden könnten, werden zu erstaunlichen Maßnahmen greifen, um Ihnen das Leben schwer zu machen. Schauen Sie sich nur die Szene mit den Landungsbooten in dem Film *Saving Private Ryan* an. Moores Rat lautet: »Schaut, wie ihr die vollständige Lieferung eures kompletten Produktes beschleunigen könnt. Nutzt dafür auch Partner. Ihr müsst nicht alles selbst herstellen oder leisten.« Pick a list and finish it! 100 Prozent! Das schreibe ich hier so knackig hin, aber jetzt wird es mühsam und daher auch der Titel dieses Buches – jetzt brauchen Sie starke Nerven. Denn Sie durchleben ein ökonomisches Phänomen. Die ersten 20 Prozent gingen Ihnen flott von der Hand und haben Ihre Technologie bereits weit nach vorne gebracht. Sie waren selbst erstaunt, wie gut es lief. Dann kamen einige Hindernisse und Schwierigkeiten, die Sie erfolgreich in den Griff bekommen haben, vielleicht sogar mithilfe einiger

Freunde aus der Gruppe der Techies. Dabei haben Sie sogar noch neue Eigenschaften Ihrer Technologie gefunden. Wie heißt der Begriff? *Serendipity*, ein glücklicher Zufall. Und so konnten Sie dann Ihr erstes Projekt erfolgreich am Markt platzieren. Ihnen ist es gelungen, einen Vertreter aus der Gruppe der Visionäre zu finden, der das Potenzial Ihrer Technologie erkannt hat. Mehr noch, er sah sogar Anwendungen, an die Sie überhaupt nicht gedacht hatten, und war zudem bereit, Ihnen Geld zu geben. Inzwischen haben Sie über 60 Prozent und einen entsprechend höheren Technologiereifegrad erreicht. Da Ihr Partner die Adaption für seine Belange selbst übernommen hat, läuft Ihre Technologie. Man könnte jetzt sogar feststellen, dass Sie und Ihr Partner einen Reifegrad, der so um den 80 Prozent entspricht, erreicht haben. Rückblickend haben Sie ganz schön was geleistet! Es war auch nicht immer einfach. Vermutlich sind Sie aus diesem Grund auf die Idee gekommen, unternehmerisch tätig zu werden. »Jetzt fehlen nur noch die letzten 20 Prozent. Die schaffen wir auch noch«, denken Sie. Das stimmt, aber es besteht im Aufwand kein linearer Zusammenhang. Die Erledigung dieser letzten 20 Prozent erfordert fast immer denselben Aufwand wie die ersten 80 Prozent. Das ist kein Schreibfehler. Aufwand ist definiert als der Ressourcenverbrauch – Material, Energie, Ideen, Arbeit – der nötig ist, eine bestimmte Leistung zu bringen. Jetzt kann es lang werden. Die Faktor-14-Regel greift. Ökonomisch wird dieses Phänomen als Gesetz der abnehmenden Grenzerträge bezeichnet. Das hat fast naturgesetzlichen Charakter und Sie sind jetzt mittendrin.

Die Faktor-14-Regel ist mal nicht von Geoffrey Moore, sondern selbst erlebt und mit anderen Unternehmern aus der Gruppe der Market Maker abgeglichen. Alle, ohne Ausnahme, bestätigen diese und konnten vieles dazu erzählen. Ich dachte zunächst, Faktor 14 sei zu hoch gegriffen, Faktor 9 sei realistischer, aber alle, mit denen ich sprach, korrigierten mich und sie hatten recht. Es ist Faktor 14.

Wenn Sie denken, Sie hätten es geschafft, jetzt beginnt das Geschäft, dann schauen Sie zurück und schreiben den gesamten Aufwand, den Sie bisher hatten, auf und versuchen, diesen in Euro zu bewerten. Diese Zahl, in Euro, multiplizieren Sie mal 14. Das ist der Aufwand, der noch vor Ihnen liegt. Jetzt haben Sie eine Größenordnung, mit der Sie Ihren Kapitalaufwand schätzen können und den Sie bei der Investorensuche finden müssen. Angenommen, Sie bekämen das Geld, so ist das leider noch kein Garant dafür, dass Sie wirklich auf der anderen Seite des Abgrundes ankommen werden und Ihr Geschäft so richtig anzieht, der Tornado Sie ganz nach oben hebt, so wie es Moore in seinem ersten Buch geschrieben hat. Leider musste er auch feststellen, dass kaum einer seiner Leser dort angekommen ist. Sie steckten im Abgrund. Deswegen hat er sein zweites Buch über dieses Thema geschrieben. Kurz, Sie müssen genau wissen, in welcher Marktsituation Sie sich befinden, mit wem Sie es zu tun haben.

Wichtig zu verstehen ist für Sie, und das mag in der Tat ein großer Perspektivwechsel für Sie sein: Nicht die Technologie, sondern das Käuferverhalten löst die Marktdynamik aus. So wie ich das hier schreibe, kann es schnell überlesen werden. Das ist aber fundamental. Denn auch wenn es banal klingt, Ihre Kunden bezahlen letztlich Ihren Aufwand. Wenn sie aber nicht bereit sind, für Ihre Produkte zu zahlen, dann kann es sein, dass Sie am Markt vorbeiproduziert haben und mit hohen persönlichen Schulden dastehen. Das wollen Sie auf jeden Fall vermeiden. Hier tritt wieder das Problem mit den Technologiereifegraden auf. Dieses Konzept sagt nichts über die Bereitschaft Ihrer potenziellen Kunden aus, Ihre Produkte zu kaufen. Entwickelt wurde es wie gesagt von der NASA, einer staatlichen Behörde, mit Steuergeldern finanziert.

Moore hat aus den vorgestellten fünf Verhaltensweisen und dem Aufspüren des Abgrundes ein sehr pragmatisches Marktmodell entwickelt, das er wiederum in fünf Abschnitte gliedert: die Frühphase, den Sprung über den Abgrund, die Kegelbahn, den Tornado und den etablierten Markt, die Einkaufsstraße in der Fußgängerzone.

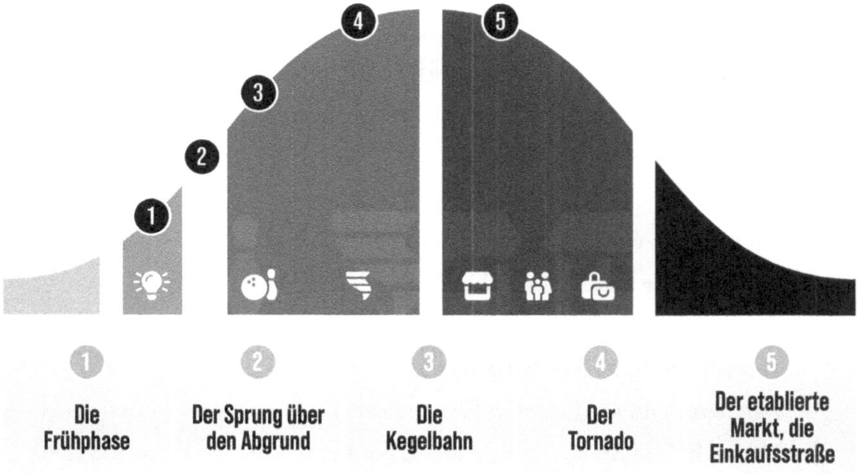

Abbildung 3.4 Die fünf Abschnitte der Vermarktung

Die genaue Kenntnis darüber, in welchem dieser fünf Abschnitte Sie sich gerade befinden, ist nicht nur für die Vermarktung und Weiterentwicklung Ihrer Technologie zu einem Produkt relevant. Sie ist auch für die Investorensuche zwingend erforderlich. Denn disruptive Innovationen werden in der Regel in der Frühphase lanciert, während Effizienz steigernde oder die Marktposition verbessernde (manche nennen sie auch kontinuierliche) Innovationen eher im etablierten Markt platziert werden. Entsprechend sollten Sie die Investorensuche gestalten. Das besprechen wir im nächsten Kapitel.

Sie sollten nicht nur wissen, in welchem Abschnitt Sie sich derzeit befinden, Sie sollten auch wissen, was dann zu tun ist. Ich stelle Ihnen diese Abschnitte nun kurz vor und erläutere ein mögliches Vorgehen in neun Kategorien. Diese Kategorien sind:

1. **Zielkunde:** Woher kommt das Geld?
2. **Zwingender Kaufgrund:** Was bringt den Kunden zu Ihnen?
3. **Das vollständige Produkt:** Was und wie liefern Sie, um den zwingenden Kaufgrund zu befriedigen?
4. **Partnerschaften/Allianzen:** Wen brauchen Sie, um genau so zu liefern?
5. **Vertrieb:** Was brauchen Sie zudem, um Ihr Produkt zu Ihren Kunden zu liefern?
6. **Preissetzung:** Wie können Sie Ihren Preis bestimmen und was müssen Sie alles dabei abdecken?
7. **Wettbewerb:** Wie konkurrieren die anderen um Ihre Kunden? Womit müssen Sie rechnen?
8. **Positionierung:** Wie stellen Sie sich gegenüber Ihrem Wettbewerb auf?
9. **Nächster Zielkunde:** Was ist Ihr nächster Zug?

Die Frühphase

Die Frühphase ist dort, wo sich die Visionäre tummeln. Ihre Zielkunden, das sind nicht nur die Elon Musks dieser Welt, vielmehr finden Sie diese sehr nah am Geschäft, wie bereits gesagt. In größeren Unternehmen sind sie oft sogenannte Linien- oder Geschäftsbereichsverantwortlichen, also nicht der Vorstandsvorsitzende, der CEO, oder Finanzchef, der CFO, sondern eine Hierarchiestufe darunter. Im Mittelstand sind sie hin und wieder auch anzutreffen, aber das ist eher selten Fall. Hier regieren die Pragmatiker und Konservativen. Es gibt allerdings noch eine dritte

Gruppe mit diesem Verhaltensmuster: ehemalige Mittelständler und ehemalige Topmanager. Leute mit Geld, das sie durch den Unternehmensverkauf bekommen haben, die Lust auf Geschäft und Innovation haben, so wie Elon.

Kaufen werden sie bei Ihnen nur, wenn Sie ihnen einen deutlichen Wettbewerbsvorteil verschaffen können. Da diese Kunden Ihnen helfen werden, Ihre neue Technologie zum Fliegen zu bringen, verlangen sie dazu Ihren vollständig persönlichen Einsatz. Im Gegenzug sind sie bereit, ihren Beitrag zu leisten. Hier ist es in der Tat noch zu früh, von einem Produkt zu sprechen, vielmehr arbeiten Sie und Ihr Kunde noch auf Projektebene zusammen, um eine erste Anwendung in der Praxis darzustellen. Ihr Kunde ist mehr Ihr Partner und agiert ähnlich wie ein Systemintegrator und Dienstleister. Es könnte sogar sein, dass Sie Dienstleister hinzuziehen werden. Bei uns waren das zum Beispiel SPS-Programmierer und technische Zeichner für die Ableitung der Fertigungszeichnungen.

Den Vertrieb oder die Kundenakquise, wenn man das in diesem Marktabschnitt überhaupt so nennen kann, machen Sie direkt und selbst, ohne Vertriebsmannschaft, Agenten oder Händler. Auch das Internet ist hier kein relevanter Vertriebskanal.

Die Preisfindung ist für sich genommen immer eine hohe Kunst. Ich bin immer wieder erstaunt, wie stiefmütterlich dieses wichtige Thema in den Unternehmen behandelt wird. Auf der Kostenseite wird Alarm geschlagen, aber in der Preisverhandlung schmeißt man mit Rabatten um sich. Bei etablierten Unternehmen gilt die Faustregel »5 Prozent Preisnachlass bedeutet eine Kostenersparnis von 15 Prozent«, um die Marge einigermaßen zu sichern. Pricing ist schwierig und hängt nicht nur von Ihrer Kostenstruktur, sondern und insbesondere vom Nutzen, den Sie Ihrem Kunden verschaffen, ab. So auch in dieser Phase der Vermarktung. Ihr Preis sollte den Nutzen oder Gewinn, der aus Ihrer Zusammenarbeit generiert wird, widerspiegeln. Ohne jetzt in die Tiefe des Projektmanage-

ments einzusteigen, wäre es gut, Ihren Preis auf der Basis des Projektblattes oder der Projekt-Charta* gemeinsam zu vereinbaren.
Ihr Wettbewerb sind Typen wie Sie, mit ähnlichen Denkansätzen, Ideen und verwandten Technologien. Das kann man in der Praxis sehr gut in der Fraunhofer-Gesellschaft beobachten. Für außenstehende Beobachter ist es verwunderlich, dass sich die einzelnen Institute der Fraunhofer-Gesellschaft gegenseitig Konkurrenz machen. Schließlich gehören sie alle zum selben Verein (die Fraunhofer-Gesellschaft ist in der Tat ein eingetragener Verein). Jedes Institut ist jedoch wirtschaftlich eigenständig und für seine Performance selbst verantwortlich.
Dementsprechend sollten Sie sich von Ihren Konkurrenten als der Technologieführer absetzen. Sie sollten als derjenige wahrgenommen werden, der diese/Ihre Technologie in ihrer ganzen Tiefe und Breite durchdrungen hat und beherrscht. Sie sind der Experte. In der Frühphase entscheidet Ihr künftiger Kunde sich nicht für Sie, weil Sie so günstige Preise anbieten, sondern aufgrund Ihrer Expertise in gerade dieser Technologie. Jeder Geschäftsabschluss für sich ist noch ein Einzelfall, etwas ganz Besonderes. Ein Wiederholungsgeschäft kann es natürlich noch nicht geben. Wie denn auch? Infolgedessen ist Ihr nächster Kunde in der Frühphase ein weiterer Visionär, am besten aus einer anderen Branche.

* Projekt-Charta: Dieses Werkzeug aus dem Handwerkkasten des Projektmanagements ist ein sehr mächtiges. Kennengelernt habe ich es im Rahmen der Einführung des Six-Sigma-Managementsystems in meiner Ausbildung zum Black Belt. Auf einer Seite beschreibt man dort für sein Projekt den zugrunde liegenden Business Case, die daraus erwachsenen Möglichkeiten, das konkrete Projektziel und den Projektumfang (auch, was nicht Teil dieses Projekts sein wird) sowie die wichtigsten Meilensteine und die erforderlichen Ressourcen, insbesondere die verschiedenen Rollen des Projektteams.

Der Sprung über den Graben hin zur Kegelbahn

Beide Marktabschnitte sind eng miteinander verbunden, denn zum einen haben Sie es in beiden Fällen mit Pragmatikern zu tun und zum anderen ist der oben erwähnte Brückenkopf auch der erste Kegel auf Ihrer Kegelbahn. Die Idee ist (daher die Analogie der Kegelbahn): Fällt der erste Kegel, dann stößt er während des Fallens einen zweiten oder sogar dritten Kegel um, der wiederum einen weiteren umstößt. Die Kegel sind erfolgreich abgeschlossene Lieferungen, die im Betrieb stabil funktionieren. Eine erfolgreiche Lieferung, die das Problem eines Pragmatikers gelöst hat, führt dazu, dass ein anderer Pragmatiker mit einem ähnlich gelagerten Problem nun ebenfalls zu Ihnen kommt. Jetzt haben Sie eine echte Referenz, die einen Pragmatiker überzeugt.

Ihr erster Zielkunde ist der pragmatische Geschäftsverantwortliche, der verstanden hat, dass es so mit seinem Geschäft nicht weitergehen kann. Es muss etwas mehr passieren als nur die üblichen Verbesserungsmaßnahmen und Kostenoptimierungen in Produktion und Einkauf. Sein zwingender Kaufgrund ist die Lösung eines brennenden Problems. Feuerwehrmodus!

Deswegen ist er auch nicht experimentierfreudig und wissenschaftlich interessiert. Er hat verstanden, dass die Hütte brennt, und braucht dringend Hilfe, aber auf eine neue Art. Der alte Ansatz, das bisherige Vorgehen hilft nicht mehr, sonst wäre der Brand bereits gelöscht. Gleichzeitig muss er sich sicher sein, dass Ihr Ansatz wirklich Wirkung zeigt. Deswegen will er Referenzen, die seiner Situation ähnlich sind. Da Sie diese aber noch nicht vorzeigen können, werden sich nur solche Pragmatiker für Sie entscheiden, die keinen anderen Ausweg mehr sehen. Moore bezeichnet ihn als *pragmatists in severe pain.*

Ihr Fokus ist nun, sein Problem vollständig zu lösen. Jetzt wiederhole ich mich, aber das ist wichtig. Er erwartet von Ihnen 100 Prozent, nicht ein Prozent weniger! Für die Wissenschaftler unter Ihnen mag das kleingeistig erscheinen. Wenn das Prinzip stimmt, ergibt sich der Rest doch von selbst. Nein! Das funktioniert, wenn überhaupt, nur in der Frühphase, jetzt aber nicht mehr. Sie sind ein Visionär, Ihr Kunde aber nicht. In der Frühphase haben Sie und Ihre Kunden noch auf Projektbasis zusammengearbeitet, jetzt verlangt Ihr Kunde von Ihnen ein vollständiges Produkt. Das ist etwas gänzlich anderes – ich werde es nachher noch erklären.

Da Sie immer noch nicht in Lage sind, alle möglichen Aspekte einer 100-Prozent-Lösung selbst zu erstellen, sind Sie auf Partner und externe Unterstützung angewiesen. Jedoch ist die Art der Zusammenarbeit anders als in der Frühphase. War es in der Frühphase mehr eine Systemintegration aufgrund eines gemeinsamen Projektes, ist es jetzt bereits ein klassisches Kunden-Lieferanten-Verhältnis aus der sogenannten Supply Chain. Sie wählen Ihre Lieferanten nun eher wie ein Pragmatiker aus. Denn auch Sie haben ein brennendes Problem zu lösen, nämlich 100 Prozent zu liefern. Auch Sie müssen sich jetzt voll auf diese Fähigkeiten und Professionalität Ihrer Lieferanten verlassen können, sonst werden Sie nämlich verlassen.

Nicht nur, dass Sie 100 Prozent liefern müssen, Sie müssen zudem Ihre Lieferanten bezahlen. Sie müssen eine Finanzierung haben. Ihr Kunde wird Ihnen nicht die gesamte Summe vorstrecken. Ganz im Gegenteil, er wird zwar einen Anteil anzahlen, aber nur gegen Bankbürgschaft. Die Bank wird Ihnen diese aber nur ausstellen, wenn Sie die entsprechende Summe bar auf einem Sonderkonto hinterlegt haben. Sie brauchen also Geld, sogenanntes Working Capital. Genau genommen brauchen Sie zweimal Geld, einerseits für die Bankbürgschaft und andererseits für die Bezahlung Ihrer Lieferanten, ohne die sie nicht liefern können. Wenn Sie Glück haben und einen Lieferanten finden, der von Ihrer Idee begeistert ist, ist er vielleicht willens, Ihnen ein großzügiges Zahlungsziel einzuräumen, also einen Lieferantenkredit zu geben. Hier kommen die alten Kaufmannsweisheiten zum Tragen. Erstens: Das erste Bedürfnis des Unternehmers ist das Kreditbedürfnis. Zweitens: Der günstigste Kredit ist der Lieferantenkredit. Drittens: Nimm jeden Kredit, den du kriegen kannst.

Die Form des Vertriebs ändert sich nun auch. Sie werden mit anderen Unternehmen zusammenarbeiten. Das sind noch nicht Handelsgesellschaften oder Agenten, auch haben Sie noch keine Vertriebsmannschaft im klassischen Sinn, mit Verkäufern pro Gebietseinheit. Das machen alles Sie und vielleicht Ihr direkter Partner höchstpersönlich. Aber Sie arbeiten mit Unternehmen, die direkt mit Ihren künftigen Kunden zusammenarbeiten. Im Fachjargon werden diese »Value-Added Resellers« oder »Original Equipment Manufacturers (OEM)« genannt. In meinem Fall sind das die Maschinenbauer von Folienextrusions- oder Beschichtungsanlagen, die unsere Technologie als verfahrenstechnische Komponente einsetzen und an ihre Endkunden verkaufen und liefern. Diese Endkunden sind letztlich für unseren Erfolg relevant, denn nur wenn sie von unserem technologischen Ansatz überzeugt sind, werden sie bei den OEM unsere Komponenten einfordern. Das bedeutet: Wir müssen die Probleme der Endkunden lösen, nicht nur die der OEMs. In meinem Fall bedeutet dies höhere und länger anhaltende Oberflächenspannungen als auf herkömmlichen Kunststofffolien. Verwechseln Sie aber bitte nicht den OEM mit Ihrem tatsächlichen Endanwender, gerade beim Sprung über den Abgrund. Das kann leicht passieren. Die OEMs werden nicht das Risiko eingehen und Ihre Produkte kaufen. Denn sie verwenden beziehungsweise betreiben diese nicht im täglichen Geschäft. Im Gegenteil, die OEMs werden von den Endanwendern gezwungen, Garantien für Sie abzugeben, und das werden sie in dieser Vermarktungsphase noch nicht tun.

Wenn Sie hingegen bereits einige Produkte ausgeliefert haben und diese störungsfrei über eine gewisse längere Periode gelaufen sind, dann dreht

sich die Situation zu Ihren Gunsten. Dann werden die OEMs auf Sie zukommen und mit Ihnen über Exklusivität sprechen wollen. Sie sind dann ein Differentiator, um sich vom Wettbewerb abzusetzen. Die Preispolitik dagegen ist wieder ähnlich wie in der Frühphase. Auch hier geht es mehr um den Nutzen Ihres Produktes, aber diesmal mehr im Sinne der Problemlösung als Gewinnerwartung. Sie lösen ihm ein Problem. Was ist es ihm wert?
Ihr Wettbewerb kommt nun auch mehr von anderen Anwendungen, die vielleicht auch das Problem Ihrer potenziellen Kunden hätten lösen können. Wie gesagt: Wenn es Ihnen gelingt, eine erste Lieferung zu 100 Prozent zu leisten und das Problem Ihres Kunden nachhaltig zu lösen, haben Sie eine sogenannte Marktnische besetzt. Sie haben einen Kunden mit einer bestimmten Problemstellung zufriedengestellt. Jetzt liegt es auf der Hand, einen weiteren Kunden mit einer ähnlich gelagerten Problemstellung zu finden und das Ganze nochmals durchzuziehen. Jetzt können Sie es. Das haben Sie gezeigt. Oder aber Sie bleiben bei Ihrem Kunden. Sie haben jetzt sein Vertrauen erlangt. Er gibt Ihnen ein neues Problem, zum Beispiel in einem anderen Werk an einem anderen Standort, das Sie lösen sollen. Das sind die weiteren Kegel, die dann umfallen können. Nischenmarketing nennt man dieses Vorgehen.

Der Tornado

Diesen Marktabschnitt bespreche ich nur knapp, wie auch den folgenden. Mehr der Vollständigkeit halber, denn wenn Sie es bis hierhin geschafft haben, kann ich Ihnen nur gratulieren. Jetzt sind Sie im Geschäftsmodus. Ihr Zielkunde ist in diesem Marktabschnitt der Pragmatiker, aber mit einem anderen Fokus. Jetzt geht es nicht mehr darum, Probleme zu lösen und als Feuerwehr aufzutreten. Jetzt geht es darum, eine neue Inf-

rastruktur anzulegen. Ihre Technologie wird nun das neue Normal. Es ist das eingetreten, was Sie sich damals zu Beginn Ihres Vorhabens gedacht hatten. Sie haben das Vertrauen der Branche. Man kennt Sie.
Die Herausforderung liegt jetzt bei Ihnen selbst, in der eigenen Organisation. Ihnen muss es gelingen, Ihr Produkt zu standardisieren, um die Liefertermine für Ihre Kunden, von denen Sie jetzt einige mehr haben, zu halten und gleichzeitig Ihre Kosten im Griff zu behalten, konkret um Ihre Durchschnittskosten pro Stück zu senken. »Economies of scale« ist der Fachausdruck dafür. Das ist nicht ganz einfach, denn Sie verlassen mit Ihrer Organisation den bisherigen Arbeitsmodus, der kunden- und anwendungsorientiert und durch einen hohen Freiheits- und Improvisationsgrad geprägt war. Jetzt müssen Sie Ihre Arbeitsabläufe, die »business processes«, genau kennen und optimieren. Sie brauchen ein in sich konsistentes Managementsystem. Davon gibt es einige, von Re-Engineering, Value Management bis hin zu Six Sigma sowie das sehr verbreitete Qualitätsmanagement nach ISO 9001. Viele Berater schleichen jetzt um Sie herum und wollen nur Ihr Bestes. Ich habe mich damals nach einer kurzen Phase der Marktsondierung für die ISO 9001 entschieden. Der Trick war, dass ich die Einführung nicht delegiert, sondern selbst in Zusammenarbeit mit einem Berater durchgeführt habe. Der Berater war vor allem für das Changemanagement zuständig und kümmerte sich um die Akzeptanz der Mitarbeiter für diesen neuen, weniger individuellen, standardisierten Arbeitsstil, während ich mich zum Experten der ISO 9001 ausbilden ließ. Ich kannte dieses Managementsystem, die ISO-Norm, somit am besten in unserem Unternehmen und verhinderte damit, dass wir in Formalismen untergehen, was oft der Fall ist, wenn man dies delegiert. Die Gefahr besteht, dass dann Parallelwelten entstehen, eine reale, in der die tägliche Arbeit erledigt wird, und eine formale, die auf dem Papier und in den sogenannten Arbeitsablaufbeschreibungen existiert und nur herausgeholt wird, wenn sich ein externer Auditor ankündigt.

Apropos externe Auditoren: Diese können nun auch von Ihren neuen Kunden kommen. Jetzt sind Sie in der Lage, auch die ganz Großen Ihrer Branche zu bedienen, und diese verlangen von ihren Lieferanten zertifizierte Managementsysteme und überprüfen diese auch. Haben Sie keines, werden Sie nicht gelistet, das heißt, man darf von Ihnen nicht kaufen. Mit der internen Organisation werden wir uns später noch genauer befassen.

In dieser Phase des Tornados werden Sie die Produkterstellung jetzt stärker unter eigener Regie fahren und nur noch bestimmte Teile von Lieferanten beziehen. Jetzt ist es jetzt Ihr Ziel, Ihre Stückkosten und Ihre Durchlaufzeiten zu optimieren.

Diese Gedankengänge werden nun auch Ihre Vertriebsaktivitäten lenken. Jetzt denken Sie über einen optimalen Einsatz verschiedener Vertriebskanäle nach, von Social Media über PR-Aktivitäten bis hin zu einer eigenen Vertriebsmannschaft. Sie werden vermutlich auch ein sogenanntes Customer-Relationship-Managment-System (CRM) einführen. Sie sind nun nicht mehr in jede Vertriebsaktivität persönlich eingebunden. Das ist nicht mehr nötig. Das macht der »Tornado«. Die Kunden kommen nun von selbst gerne und zuhauf zu Ihnen und wissen genau, was sie von Ihnen bekommen.

Ihre Preisstrategie hängt daher weniger von Ihren Kunden ab als von dem Wettbewerb. Haben Sie noch keinen, weil Sie mit Ihrer Technologie und Ihren Produkten der einzige Anbieter sind, können Sie die maximale Zahlungsbereitschaft Ihrer Kunden ausnutzen. Gibt es einen Wettbewerb, müssen Sie entsprechend Ihrer Positionierung und Ihres Branding den Preis clever setzen. Je stärker der Wettbewerb, desto niedriger der Preis, desto strenger die interne Organisation und das Kostenmanagement.

Im Wettbewerb ist es nun Ihr Ziel, den Marktanteil auszubauen und der Marktführer zu werden.

Ihr nächster Kunde ist eine Variante Ihrer bisherigen Zielgruppe, zum Beispiel in anderen Ländern oder mit einer anderen Altersstruktur oder in einer verwandten Branche wie beispielsweise Banking und Versicherungen oder Automobil und Maschinenbau.

Der etablierte Markt, die Einkaufsstraße in der Fußgängerzone

Diesen Marktabschnitt erläutere ich nur kurz. Fast alles, was Sie an Literatur zur Einführung in die Betriebswirtschaft finden, bezieht sich relativ gut auf diese Situation. Daher auch der Name. Stellen Sie sich die Haupteinkaufsstraße in Ihrer Stadt vor. Meistens ist das eine Fußgängerzone, beispielsweise so in München zwischen Marienplatz und Stachus (Karlsplatz). Die Geschäfte hier sind alle etabliert. Hier geht es um Volumen. Zielkunden sind die Endanwender und Verbraucher. Ihr zwingender Kaufgrund ist, einen Mehrwert zu erhalten für das, was sie gerne hätten, ohne dabei irgendein Risiko einzugehen. Das Produkt muss auf Anhieb funktionieren, »plug and play«.
Der Vertrieb darf nicht mehr aufwendig sein. Also keine Beratung und individuelle Betreuung, sondern bedarfsorientiert, wie in den Supermarktregalen, oder zumindest abschlussorientiert wie bei den großen Elektronikfachgeschäften. Im Wettbewerb stehen nun die Produkte mit ihren jeweiligen Eigenschaften. Deswegen gibt es eine hohe Produktvariation derselben Hersteller. Auch hier lässt sich das gut in den großen Elektronikfachgeschäften beobachten. Convenience, Bequemlichkeit für den Kunden, ist Trumpf. Der Kunde will keinen zweiten Adapter für seine Kopfhörer beschaffen. Er erwartet, dass dieser mitgeliefert wird. Wenn nicht, ist er enttäuscht und findet den Kopfhörer schlecht. Das Kauferlebnis wird zum Differenziator. Die nächste Kundengruppe befindet sich in der nächsten Mikronische.

So, das haben wir geschafft. Jetzt haben Sie eine Methode, um jederzeit die Übersicht zu behalten, wo Sie selbst in der Markteroberung stehen. Jetzt benötigen Sie noch eine Methode, um Ihre Produktentwicklung zu strukturieren, also den Übergang von der Technologie zu einem Produkt zu gestalten. Auch dazu gibt es Bibliotheken, aber auch Berater, die sich nur um solche Fragestellungen kümmern. Für das Studium in den Bibliotheken haben Sie vermutlich kaum Zeit und für den Einsatz von Beratern nicht das Geld. Außerdem soll das auch eine Ihrer unternehmerischen Fähigkeiten werden. Sich beraten zu lassen, ist sicherlich nicht schlecht, man muss sich ja nicht gleich den Berater ins Haus holen, man kann auch ein Seminar besuchen. Meistens reichen zwei Tage, dann hat man den Ansatz verstanden und zudem Kontakte mit Gleichgesinnten geknüpft. Sehr hilfreich.
Aus der Logik des Technologie-Akzeptanzzyklus hat mir ein Vorgehen sehr geholfen, das ich Ihnen im Folgenden vorstellen möchte.

Das vollständige Produkt[8], ein ganzheitliches Produktmanagement

Die Idee ist recht einfach. Wir unterscheiden zwischen dem Kernprodukt, dargestellt im inneren Kreis, und dem vollständigen Produkt, dargestellt durch die Segmente im äußeren Kreis.
Das Kernprodukt ist Ihr Produkt an sich, das Sie verkaufen wollen. Ihre Technologie bildet das Fundament oder den Ausgangspunkt. Sie erinnern sich an das Beispiel des Pneus aus Kapitel 1. Sie werden auch manche Darstellungen mit einem weiteren Kreis im Zentrum finden, der diese Technologie symbolisieren soll. Wie gesagt kann man ein solches Kernprodukt so nicht kaufen beziehungsweise verkaufen. Dazu sind noch weitere Leistungen oder Dinge nötig. Diese bilden zusammen das vollständige Produkt.

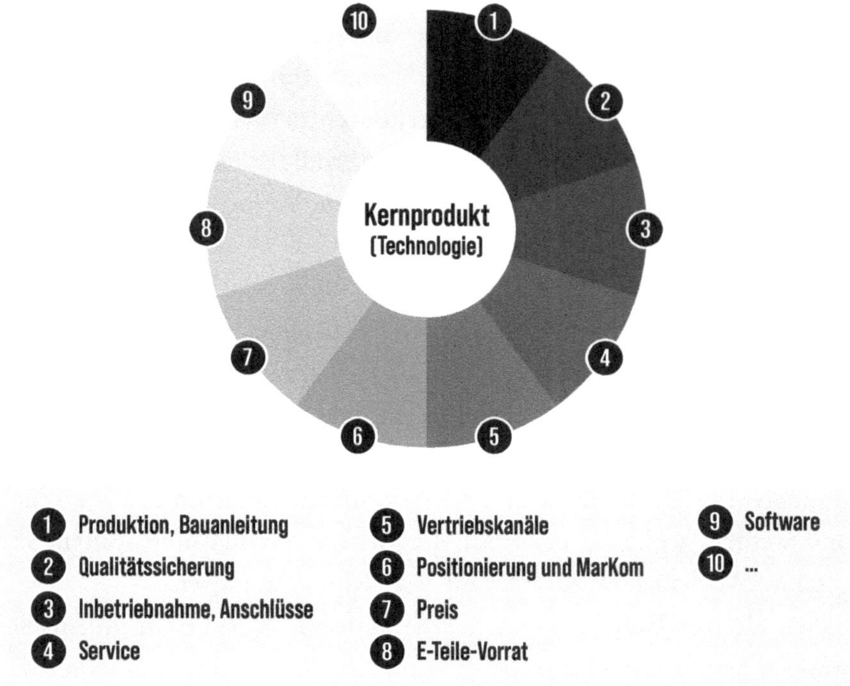

Abbildung 3.5: Das vollständige Produkt

Das vollständige Produkt ist das Kernprodukt UND alles, was sonst noch nötig ist, wie Zubehör, Dienstleistungen, Dokumentation wie CE-Zulassung und Gebrauchsanweisungen sowie Teilezeichnungen und so weiter, um den zwingenden Kaufgrund Ihres Zielkunden zu befriedigen. Das war die dritte Kategorie auf der Liste von vornhin.

Hier ein paar praktische Hinweise für Ihr weiteres Vorgehen im Produktmanagement:

Verwenden Sie dieses »Donut«-Diagramm, um Ihr vollständiges Produkt darzustellen. Schattieren Sie alle Bereiche, für die Sie die Hauptverantwortung übernehmen – oder Ihr Unternehmen. Um die übrigen Bereiche kümmern sich Partner oder Lieferanten. Sie und Ihre Partner erstellen und liefern dann zusammen Ihr vollständiges Produkt. Es ist eine Gemeinschaftsleistung. Überprüfen Sie nun Ihr vollständiges Produkt, um sicherzustellen, dass es nur auf das konzentriert ist, was wirklich nötig ist, um den zwingenden Kaufgrund zu erfüllen. Es ist schon schwer genug, das vollständige Produkt zu managen. Vermeiden Sie unnötigen Schnickschnack.

Beurteilen Sie Ihr vollständiges Produkt aus der Sicht jedes einzelnen Beteiligten. Stellen Sie sicher, dass jeder Zulieferer für sich genommen einen Gewinn verbuchen kann und dass kein Zulieferer sich ungerecht behandelt fühlt. Ungerechtigkeiten in diesem Bereich, insbesondere wenn Sie persönlich der Begünstigte sind, machen das gesamte Vorhaben zunichte. Die Unternehmen misstrauen einander ohnehin von Natur aus und werden, wenn sie dazu nur die kleinste Veranlassung spüren, Ihr gesamtes Vorhaben als Ausbeutung oder Rip-off auffassen.

Bauen Sie Ihre Beziehungen zu Ihren Partnern in Ruhe auf, indem Sie von den bestehenden Fällen der Zusammenarbeit zu einer stärker formalisierten Kooperation übergehen. Versuchen Sie nicht, die Zusammenarbeit zu früh zu institutionalisieren, bevor es nicht einige überzeugende Beispiele dafür gibt, dass alle davon profitieren können, insbesondere natürlich Ihr Kunde.

Das mag Sie vielleicht verwirren, aber es ist wichtig. Versuchen Sie, mit großen Partnern wie internationalen Markenherstellern *bottom up*, von unten nach oben, zu arbeiten. Das bedeutet, Ihr Ansprechpartner ist nicht der Vorstandsvorsitzende, sondern jemand, der sich nah am Geschäft mit Ihrem Zielkunden befindet und ein hohes persönliches Interesse an einer Zusammenarbeit mit Ihnen hat. Ich hatte eine solche Konstellation. Den Vorstandsvorsitzenden habe ich in der Tat einmal begrüßt, die meiste Zeit jedoch habe ich mit einem international aufgestellten Produktmanager verbracht. Der wiederum hat in der Zeit unserer Zusammenarbeit sicherlich fünfmal die Jobbezeichnung und den direkten Vorgesetzten gewechselt, aber weiterhin unsere gemeinsame Sache vorangetrieben.

Mit kleinen Partnern, also Mittelständlern oder Agenturen, ist es ratsam, *top down*, von oben nach unten, zu arbeiten. Sie müssen mit dem Eigentümer und dem Geschäftsführer eng kooperieren.

In beiden Fällen ist die Idee, so nah wie möglich an dem Ort zu arbeiten, an dem die Entscheidungen, die den Kunden betreffen, tatsächlich getroffen werden. Sie brauchen die operativen Entscheider.

Sobald einigermaßen formalisierte Beziehungen bestehen, sollten Sie diese nur zur Eröffnung der Kommunikation nutzen. Verlassen Sie sich nicht auf sie, um die Zusammenarbeit voranzutreiben. Partnerschaften funktionieren nur dann, wenn bestimmte Personen aus den verschiedenen beteiligten Unternehmen beschließen, einander zu vertrauen. Das beschreibt meine Lebenssituation zurzeit sehr treffend.

Wenn Sie mit großen Partnern zusammenarbeiten, konzentrieren Sie Ihre Energie auf den Aufbau von Beziehungen auf der Bereichsebene, nicht höher in der Hierarchie, und achten Sie darauf, dass Sie keine Zeit und Mühe mit den Mitarbeitern aus den Stabsabteilungen des Unternehmens verschwenden. Das mag zwar kurzfristig interessant und anregend sein, aber Sie wollen nicht Teil des politischen Spiels werden. Wenn Sie dagegen mit kleinen Partnern zusammenarbeiten, sollten Sie deren begrenzte Ressourcen berücksichtigen und alles tun, was Sie können, um Ihr Unternehmen zu deren Vorteil einzusetzen. Seien Sie nicht überrascht, wenn Sie feststellen, dass sich bei Ihnen intern der am schwierigsten zu managende Partner befindet. Wenn es Ihnen gelungen ist, eine gerechte Partnerschaft mit allen Beteiligten aufzubauen, können Sie damit rechnen, dass jemand aus Ihrem direkten Umfeld darauf bestehen wird, einen größeren Anteil vom Kuchen zu erhalten. Das kann verschiedenste Formen annehmen, von Reisevorschüssen, während Sie mit der Liquidität kämpfen, bis hin zu einem Firmenwagen oder einer Bonuszahlung. Wenn Sie sich gegen diese Forderungen zur

Wehr setzen, sollten Sie Ihren Kunden als Ihren treuesten und mächtigsten Partner und Unterstützer betrachten.

Zurück zum Kapitelanfang. Sie sind jetzt wirklich ein Unternehmer. Ihre unternehmerischen Fähigkeiten wachsen exponentiell an. Das liegt nicht nur an Ihrem hohen IQ, sondern vielmehr an all den Fragestellungen und den Dingen, die auf Sie zukommen und die Sie schlichtweg lösen müssen. Wegducken geht nicht!

Jemand hat mal sehr treffend geschrieben: »Entrepreneurs are very good learners.« Das können Sie vermutlich sofort bestätigen. Noch mal zu unserer Ausgangsfrage: Wann sollen Sie gründen? Wir hatten eine grobe Marschrichtung aufgezeigt: zunächst Ihr Projekt zu einem erfolgreichen Abschluss führen und dann aus diesem heraus die Produktentwicklung starten, dann den Businessplan schreiben, dann gründen und, wenn möglich, erst dann kündigen.

Die ersten beiden Punkte haben wir jetzt besprochen, den Businessplan und die Investorensuche besprechen wir im nächsten Kapitel.

Weiterführende Literatur

- Moore, Geoffrey A. (1991): *Crossing the Chasm*, revidiert 1999 und 2014, Boston.

Anwendungskonzepte, aus Erfahrung gelernt:

Projektmanagement, der »kleine Bruder des General Management«, ist das, was man jetzt von Ihnen erwartet. Weil es dazu viel Literatur gibt und sich darunter leider auch viel Murks befindet, werde ich Ihnen das Projektmanagement in fünf Stadien vorstellen. Diese Form der Einführung in das Projektmanagement habe ich damals mit meiner Abteilung bei Philips erhalten und sie war exzellent und sofort einsetzbar.

Technologiereifegrad: eine sehr gute Einteilung zur Selbstbeurteilung Ihrer Technologie, aber nicht geeignet für die Vermarktung. Dazu müssen Sie ein Produkt aus Ihrer Technologie entwickeln.

- Das vollständige Produkt (the whole product)
- Produktlebenszyklus
- Technologieakzeptanzzyklus (technology acceptance life cycle)

4. ÜBERZEUGEN UND BEGEISTERN:

BUSINESSPLAN UND INVESTORENSUCHE

Nun folgt, was in jedem Seminar oder Lehrgang zu Entrepreneurship im Mittelpunkt steht: der Businessplan. Der Businessplan ist in der Tat wichtig, denn er ist die Essenz und der Plausibilitätscheck Ihrer Geschäftsidee. Sie brauchen einen Businessplan, da führt kein Weg dran vorbei.

Weil aber kein Weg daran vorbeiführt, ist die Versuchung groß, sich nur noch mit dem Businessplan zu beschäftigen und dabei Ihr eigentliches Thema, zusammen mit Ihrem Kunden aus der Technologie ein Produkt zu erstellen, zu vernachlässigen. Das darf auf keinen Fall passieren! Aber es passiert immer wieder. Denn am Businessplan zu arbeiten, ist eigentlich sehr einfach. Man kann es bequem vom Schreibtisch aus erledigen, muss keine unangenehmen Gespräche führen oder sich in irgendeiner Weise körperlich anstrengen, zum Beispiel durch manuelle Arbeit in einer Halle ohne Klimaanlage in einem Schwellenland. Außerdem hat man selbst den Eindruck, viel für den Aufbau des eigenen Geschäfts geleistet zu haben.

Der Businessplan wird fast immer sehr früh oder sogar zu früh geschrieben. Meistens weit bevor man überhaupt eine Idee hat, wie das Produkt genau aussehen soll, geschweige denn, wie viel die Produktion kostet, wer es kaufen und wie hoch der Preis sein soll. Ich frage mich dann, wie man den potenziellen Umsatz berechnen will. Umsatz ist das mathematische Produkt aus den Faktoren Preis und Menge des wirtschaftlichen Produktes. Nun ist es nicht ganz so schlimm wie eine zu frühe Gründung. Es kostet Sie nur Zeit und defokussiert Sie, falls Sie sich aufmachen, zu früh bereits alle Details ausarbeiten zu wollen. Dennoch würde ich nicht so weit gehen, wie manche Venture-Kapitalisten aus den USA, die schlichtweg sagen: »Don't write a businessplan.«[9] Wenn Sie allerdings einen ersten Entwurf in Form von Szenarien im Zahlenwerk zu Beginn Ihrer Überlegungen anfertigen, wie in Kapitel 2 besprochen, kann das sehr hilfreich sein. Wie sagte ein britischer Freund damals zu mir? »Roughly right is better than exactly wrong.« Sie bauen sich so eine Intuition auf, wie Ihr Geschäft später einmal funktionieren könnte. Dabei sehen Sie relativ schnell, wo die kritischen Größen stecken, worauf es also in Ihrem Geschäft ankommen wird. Das hilft Ihnen beim weiteren Vorgehen durch die verschiedenen Marktabschnitte. Ich bin sogar sehr dafür, dass Sie für jeden Marktabschnitt einen neuen Businessplan erstellen, vor allem für sich selbst, weniger für Außenstehende.

Bevor ich Ihnen die Struktur eines Businessplans vorstelle, sollten Sie sich folgende Fragen stellen. Diese erscheinen zunächst banal, aber sobald Sie in den Details und im Zahlenwerk stecken, ist die Gefahr groß, die Übersicht zu verlieren. Also:

- Wer soll den Businessplan lesen?
- Was wollen Sie mit diesem Businessplan erreichen?
- In welcher Vermarktungsphase stecken Sie und Ihr Geschäft? Passt dieser Businessplan dazu?
- Wie weit in die Zukunft reicht der Businessplan?
- Können Sie mit der Story, die diesen Businessplan trägt, Außenstehende wie Investoren, aber auch Mitarbeiter mit Schlüsselqualifikationen begeistern?
- Welche Bedingungen der Investoren oder Mitarbeiter wären Sie bereit zu akzeptieren?

Während die ersten vier Fragen auf der Hand liegen, sind die beiden letztgenannten Fragen diejenigen, auf die es später in der Kommunikation mit Investoren, Mitarbeitern sowie auch Lieferanten und Kunden wirklich ankommt. Deswegen gilt auch: Eine gute Grundstruktur des Businessplans ist wichtiger als die Ausarbeitung oder Modellierung aller Details. Sie müssen die richtige Tiefenschärfe finden. Denken Sie an den Ausspruch von Mike Tyson: »Everybody has a plan until they get punched in the face.« Eine gute Struktur führt zu einem stabilen Stand und es wird für Sie eine Ihrer neuen Grundfähigkeiten, Dinge durchzustehen. Dies zu können, ist für Sie essenziell, nicht nur im Boxkampf, sondern auch im Geschäftsleben und im Leben sowieso.

Vorlagen und Gliederungen für Businesspläne gibt es im Internet zuhauf, außerdem von Ihrer Hausbank oder als Ratgeber in Buchform, aber auch von der Bundesregierung und sogar von der NASA, die hofft, über den Weg von Beteiligungen an erfolgreichen Start-ups an zusätzliche Mittel für die Raumfahrt zu gelangen. Nehmen Sie die Vorlage und Gliederung, die Ihnen zusagt.

Was ich Ihnen jetzt vorstelle, ist die Gliederung, die ich bisher verwendet habe. Sie ist nicht sehr »fancy«, sondern eher etwas hausbacken. Das hat den Vorteil, dass der Leser sich schnell orientieren kann. Die Story steckt zwischen den Zeilen und wird im Gespräch oder mithilfe einer Präsentation erzählt. Wobei ich sagen muss, dass Präsentationen fast immer nerven oder langweilen, vor allem wenn man fast wortgleich den auf Charts geschriebenen (Businessplan-)Inhalt vorliest. Schrecklich! Dazu später mehr.

Ich habe die Seitenzahlen stehen lassen, damit Sie eine Vorstellung des Umfangs Ihres Businessplans bekommen. Bitte nicht viel mehr. Was Sie nicht in knapp 30 Seiten dargestellt haben, werden Sie auch nicht in 60 Seiten sagen können. Die Aufmerksamkeit Ihrer Leser ist dann nur weg. Die einzelnen Kapitelinhalte des Businessplans werde ich Ihnen nun kurz erläutern.

Vertraulichkeitserklärung

Eine solche Erklärung ist immer hilfreich und macht dem Leser kurz die Besonderheit der Situation bewusst. Sie könnten es so formulieren:

> ***VERTRAULICHKEITSERKLÄRUNG***
>
> *Bitte beachten Sie, dass diese Unterlagen streng vertraulich sind.*
> *Das bedeutet, dass weder allgemeine noch spezifische Informationen ohne ein schriftliches Einverständnis der (Ihr Unternehmen xxxx GmbH) an andere weitergegeben werden dürfen.*
> *Diese Unterlagen dürfen nur für die zur Bewertung notwendigen Maßnahmen verwendet werden.*
> *Copyright, alle Rechte vorbehalten, Ort, Datum, Ihr Unternehmen xxxx GmbH*

Zusammenfassung

Ich verrate Ihnen nichts Neues, wenn ich Ihnen rate, diese Zusammenfassung am Ende der Erstellung Ihres Businessplans zu schreiben. Diese Zusammenfassung ist der wichtigste Gliederungspunkt Ihres Businessplans. Gleich danach kommt die Strukturierung Ihrer Ergebnisrechnung.

Diese beiden Abschnitte werden immer als Erstes betrachtet, aber nicht zwingend gelesen. Daher lautet das erste Gebot: Fassen Sie sich kurz. Das bedeutet: nur einen Satz pro Thema und nicht mehr als sechs Sätze insgesamt. Die Themen oder Fragen sind:

1. Wie heißt Ihr Unternehmen genau, wer sind die Eigentümer und in welchem Umfeld/in welcher Branche ist es aktiv?
2. Wie positioniert sich Ihr Unternehmen im Wettbewerb und welche Stellung im Wettbewerb streben Sie an?
3. Wie ist Ihr Unternehmen aufgebaut und was ist besonders am Gründer- und Führungsteam?
4. Wieso wird Ihr Unternehmen erfolgreich am Markt operieren, warum braucht es Ihr Unternehmen, was sind Ihre Schlüsselkompetenzen?
5. Wie ist der Marktzugang/Vertrieb organisiert?
6. Welche Gewinnerwartungen hat Ihr Unternehmen?

Die Fragen 2, 3 und 4 beziehen sich aufeinander. Sie können diese auch in einer anderen Reihenfolge beantworten.
Das Schwierige bei der Zusammenfassung ist nicht nur die knappe Darstellung Ihres Unternehmens, sondern auch die Andeutungen und Hinweise auf Ihre dahinterliegende Story. Diese müssen Sie im Businessplan nicht explizit erzählen, aber einige Schlüsselwörter sollten Sie auf alle Fälle verwenden. Denn nachdem Sie Ihre Story erzählt und den Businessplan vorgestellt haben, werden die Leser diesen nochmals studieren und bei den Schlüsselwörtern wird Ihre Story wieder im Kopf Ihrer Leser landen. Das genau wollen Sie erreichen. Diese Schlüsselworte, Hinweise und Andeutungen lassen sich in der Regel gut bei der Branche, den Schlüsselkompetenzen sowie bei der Begründung, warum Sie und Ihr Unternehmen erfolgreich sein wird, unterbringen. Aber auch Sie selbst und Ihr Team sind Teil dieser Story, denn Ihre Expertise war vermutlich der Auslöser dieses Unternehmens.

Unternehmens- und Produktidee

Hier stellen Sie Ihr Unternehmen und Ihre Geschäftsidee vor. Können Sie es in einem Satz sagen? Denken Sie noch mal an Ihren *Elevator Pitch*.

Unternehmensüberblick

Was macht Ihr Unternehmen? In welcher Branche ist es aktiv?
Seit wann beschäftigen Sie sich mit dieser Geschäftsidee?
Wer sind die Eigentümer, wer ist das Managementteam? Wie viele Mitarbeiter gibt es zurzeit und wo ist der Unternehmenssitz?

Gründungsidee und Vision

Hier können Sie Ihre Geschäftsidee und deren Auslöser vorstellen. Das ist in der Regel ein guter Punkt, Ihre persönliche Story anzubringen, ohne sie gleich episch zu erzählen. Wie gesagt, wir besprechen das Thema Storytelling später, aber hier können Sie bereits zwei wichtige Aspekte jeder guten Story unterbringen: Relevanz und Verbindung (Connection). Wieso ist Ihr Unternehmen relevant für die Menschen? Hat man täglich damit zu tun?
In meinem Fall etwa, der Herstellung von Plasmaanlagen zur Oberflächenaktivierung von Kunststofffolien, besteht die Relevanz in der Verpackung von Nahrungsmitteln, die dadurch länger haltbar sind. Die Verbindung zu Ihnen entsteht dadurch, dass Sie jedes Mal, wenn Sie etwas aus dem Kühlschrank nehmen, mit uns zu tun haben. Die Verpackung, die Sie gerade in der Hand halten, wurde durch unsere Technologie ermöglicht.

Technologieposition

An dieser Stelle können Sie Ihre ganze Expertise aufblitzen lassen. Bitte aber verständlich für Fachfremde und Laien. Insider und Kollegen kennen Ihr Thema und Ihren Gedankengang bereits. Auch hier lassen sich gut einige Schlüsselwörter aus Ihrer Story unterbringen.

Unternehmenskonzept

Jetzt wird es etwas betriebswirtschaftlicher. Welche betrieblichen Leistungsprozesse sollen bei Ihnen im Unternehmen stattfinden, welche werden von Kooperationspartnern übernommen?
Die klassischen betrieblichen Leistungsprozesse sind: Forschung und Entwicklung, Auftragsakquise, Auftragsrealisierung und Produktion, After-sales-Service sowie die unterstützenden Prozesse Rechnungswesen, Buchhaltung, Personalwesen und EDV. Die Unternehmensführung ist auch einer, das ist in jedem Fall Ihr Metier. Gerade bei der Auftragsrealisierung und Produktion, aber auch bei der Auftragsakquise ist es wichtig zu wissen, in welcher Phase der Vermarktung Sie sich gerade befinden. Sie erinnern sich an das Konzept zum vollständigen Produkt im vorangegangenen Kapitel. Es ergibt keinen Sinn, wenn Sie alle Leistungsprozesse beherrschen und bespielen wollen, so wie in dem Marktabschnitt »Einkaufsstraße, Fußgängerzone« beschrieben, Sie sich aber gerade aufmachen, über den Abgrund zu springen. Das passt einfach nicht zusammen.
Daher wiederhole ich meinen Rat, pro Marktabschnitt einen Businessplan zu schreiben. Schreiben im Sinne von Ausformulieren ist vielleicht zu viel des Guten, aber zumindest sollten Sie es gründlich durchdenken und versuchen, das Zahlenwerk, insbesondere die Betriebsergebnisrechnung, entsprechend darzustellen.

Unternehmenswerte und aktuelle Positionierung

Der Begriff »Unternehmenswerte« soll darlegen, was Ihnen wichtig ist oder wofür Sie stehen. Denken Sie an die Fernsehwerbung eines führenden Babynahrungsproduzenten. Vermeiden Sie Phrasen wie »hochinnovativ«, »qualitativ führend« und »bewährt und zuverlässig«. Abgedroschener geht es nicht, vor allem, wenn alle drei noch zusammen aufgezählt werden.
Auch hier sollte eine Verbindung zu Ihrer Story erkennbar sein – im Sinne der Ergebnisse Ihres Erkenntnisprozesses oder Ihrer Lernerfahrung bei der Umsetzung Ihrer Geschäftsidee: Was haben Sie währenddessen gelernt? Welche Erfahrungen haben Sie gemacht und inwiefern sind diese wichtig für die Zukunft?

Management und Organisation

In diesem Kapitel werden die Mitglieder der Unternehmensführung und die zentralen Kompetenzträger sowie die Aufbau- und Ablauforganisation vorgestellt.

Führungsteam und Kompetenzträger

Wer ist im Führungsteam Ihrer Unternehmung? Wer übernimmt die Geschäftsführung, wer leitet die Technik, wer den Vertrieb, wer die Finanzen und wer sind die weiteren Schlüsselmitarbeiter, ohne die es nicht funktionieren wird?
Bitte stellen Sie sich und Ihre wichtigsten Mitarbeitenden mit Namen und einer kurzen Vita vor. Diese Vita sollte insbesondere diejenigen Kompetenzen verdeutlichen, die für die Erfüllung der jeweiligen Aufgabe benötigt werden.

Aufbauorganisation

Das kennen Sie vermutlich bereits. Das ist ein Organigramm, an dem die Berichtslinien erkennbar werden. Machen Sie es nicht zu kompliziert.

Ablauforganisation

Spannender ist die Ablauforganisation. Hier visualisieren Sie Ihr oben genanntes Unternehmenskonzept in einer sogenannten *Process Map*. Diesen Ansatz habe ich damals vom Papst des Re-Engineering Michael Hammer[10] gelernt. Auf einer Seite erklären Sie den Ablauf Ihres geplanten Geschäfts. Wie werden die Geschäfte bei und mit Ihnen in Zukunft ablaufen? Welche Geschäftsabläufe finden bei Ihnen statt, welche bei Ihren Kooperationspartnern, wie interagieren Sie mit Ihren Kunden und Lieferanten? Diese Darstellung muss kompakt, aber vollständig und hinreichend spezifisch sein. Sie sollten sich hier viel Mühe geben. Das lohnt sich auch, weil diese Darstellung das Fundament Ihres Zahlenwerks sein wird.
Michael Hammer hat es uns damals so erklärt: »You have to be able to explain your business to an outsider in less than 15 minutes. If he says: ›That's all clear, what took you so long to draw this map?‹, you know you did it right. It is like a piece of art, like a poem!«
Ein Gedicht? Ihr Gedicht! Auch hier ist wieder Ihre Story erkennbar.

Markt und Wettbewerb

Hier fasse ich mich wieder kurz und warne Sie lieber vor zu viel persönlichem Zeiteinsatz. Zur Darstellung von Märkten und der Wettbewerbssituation gibt es Bibliotheken, zum einen bei den Marketingleuten in Betriebswirtschaft (englisch: Business Administration), zum anderen bei den Mikroökonomen in der Volkswirtschaft (englisch: Economics). Hier kann man sich herrlich verzetteln. Bitte beachten Sie: Bei der Markt- und Wettbewerbsbeschreibung geht es vornehmlich darum, die Preisdynamik auf Ihrem Zielmarkt zu verstehen. Wie werden die Preise auf Ihrem Zielmarkt gesetzt und dargestellt, wie hoch ist der Preisdruck? Das ist für Ihre spätere Umsatzplanung, aber auch Ihre Preisgestaltung wesentlich.

Vielleicht noch ein Tipp zum Einstieg in diesen Abschnitt. Für mich war es hilfreich, die sogenannte erweiterte Wertschöpfungskette grafisch darzustellen und die Schnittstellen aufzuzeigen, an denen unser Unternehmen zum Teil dieser Wertschöpfungskette wird. Dort befindet sich Ihr Zielmarkt oder vielleicht sogar Ihre Zielmärkte. Dazu gleich ein paar Anmerkungen.

In meinem Fall beginnt die erweiterte Wertschöpfungskette mit der Kunststoffproduktion aus Öl, geht über die Folienextrusion und Folienveredelung hin zu den Verpackern und endet mit den Markenartiklern. Wir interagieren also zwischen den echten ***big guys***, den Öl-Leuten auf der einen Seite und den Brand Ownern auf der anderen Seite.

Ihre Wettwerber listen Sie mit Umsatz, Betriebsgröße und Geschäftssitz auf. Auch sollten Sie kurz etwas zu sogenannten potenziellen Wettbewerbern sagen. Das sind Unternehmen, die noch nicht in Ihrem Zielmarkt aktiv sind, aber es durchaus werden können. Allein die Drohung eines möglichen Markteintritts kann das Pricing, die Preisgestaltung, sehr disziplinieren.

Geschäftsfelder: Produkt und Leistungen

Aus der oben genannten Darstellung haben Sie nun Ihre Zielmärkte analysiert Das sind nun Ihre Geschäftsfelder. Hier werden Ihre Produkte und Leistungen genutzt. In diesem Abschnitt können Sie sich auf das bisher Geschriebene beziehen. Sie haben Ihre erweiterte Wertschöpfungskette

mit den Schnittstellen genannt, Sie haben Ihre *Process Map* vorstellt. Jetzt ordnen Sie diesen Geschäftsfeldern Produkte oder Leistungen zu. Gehen Sie auch hier nicht zu sehr ins Detail.
Wenn Sie meinen, dass Sie mit Ihrer Technologie und Ihren Produkten ein weites Spektrum von Bedürfnissen und Anwendungen auf mehreren Zielmärkten bedienen können und wollen, empfehle ich Ihnen, mehrere Businesspläne zu schreiben. Noch besser wäre es, wenn Sie sich auf den für Sie am lukrativsten Markt konzentrieren. Weniger ist manchmal mehr und noch verfügen Sie noch nicht über so viele Ressourcen. Außerdem können Sie, sobald Sie im Marktabschnitt der Kegelbahn angekommen sind, Ihren Businessplan entsprechend erweitern und anpassen.

Marketing und Vertrieb

Dafür verwenden wir einfach die Liste mit den neun Kategorien/Fragen aus Kapitel 3.

- Marktbearbeitung Produkt/Anwendung 1
- Marktbearbeitung Produkt/Anwendung 2
- Marktbearbeitung Aftersales

Machen Sie sich die Mühe und formulieren Sie einen Satz pro Kategorie und Frage. Besser kann man es nicht auf den Punkt bringen.

Unternehmensorganisation

Hier werden kurz die formalen Strukturen Ihres Unternehmens vorgestellt. Das fängt mit dem Gründungsdatum an, den Gründern, die nicht zwingend mehr im Unternehmen sein müssen, und geht über die Handelsregisternummer bis hin zu den aktuellen Gesellschaftern.

Gesellschafteranteile und Einlagen

Wer sind die aktuellen Gesellschafter, also die Eigentümer des Unternehmens? Wie gesagt, das müssen nicht zwingend die aktuellen Geschäftsführer oder Gründer sein. Wer hat welchen Gesellschafteranteil? Wie wird im Gesellschafterkreis entschieden? Auch hier ist es nicht immer so, dass derjenige, der mehr als 50 Prozent der Anteile hält, das alleinige Sagen hat. Gibt es Sperrminoritäten? Gibt es Darlehen oder Darlehenszusagen? Wer hält die Patente und Markenrechte? Dieser Unterabschnitt ist wichtig.

Finanzplanung

Hier beginnt das Zahlenwerk. Auch hier meine Warnung, sich nicht zu verkünsteln. Verlieben Sie sich nicht in Ihre Planung, denn dabei besteht die Gefahr, betriebsblind zu werden. Das passiert oft. Ihre Leser werden es schwer haben, Ihre ausgefeilten Gedanken in Tabellenform wiederzuentdecken. Die richtige Tiefenschärfe ist gut. Besprechen Sie sich mit einem Ihnen wohlwollenden Investor oder Unternehmer, denn die haben diese Übung auch mal für sich selbst gemacht.
Als Zeithorizont empfehle ich fünf bis maximal sieben Jahre. Die Zeit darüber hinaus könnten Sie im Ausblick andeuten. Auch wenn es schwerfällt, fünf Jahre in die Zukunft vorauszublicken, ist es zum einen Usus, diesen Zeithorizont zu verwenden, und zum anderen kann man so als Außenstehender verstehen, wie Ihr Geschäftsmodell im Zeitverlauf funktioniert.

Ausgangs- und Bezugspunkt sollte Ihre *Process Map* sein. Hier erklären Sie, warum Sie welche Investitionen tätigen, wo Sie welches Personal einsetzen und welchen Kapitalbedarf, gerade auch im Hinblick auf Ihr *Working Capital*, Sie haben werden.

Investitionsplanung

Hier stellen Sie Ihren jährlichen Investitionsbedarf für die nächsten Jahre vor, von der EDV über Labormaschinen bis hin zur Werkstatt und den notwendigen Umbauten an Ihrem Unternehmenssitz.

Personalplanung

Welche Kompetenzen und Qualifikationen benötigen Sie zu Beginn und im Zeitverlauf? Wie wächst Ihr Personalstamm? Auch hier bitte nicht zu ausgefeilt, ein einfacher Stellenplan pro Jahr reicht.
Personal einzustellen, ist relativ einfach, es loszuwerden, sehr mühsam. Zudem ist Ihre Liquidität entsprechend gefordert. Das hatte ich bereits angedeutet und das sieht man dann auch in Ihrer Ergebnisrechnung und Ihrer Liquiditätsplanung.

Kapitalbedarfsplanung

Diese Planung ist eng mit der Investitionsplanung verknüpft. Der Kapitalbedarf entsteht aus zwei Quellen: zum einen aus den geplanten Investitionen pro Jahr und zum anderen aus dem Geld, das benötigt wird, um den Betrieb am Laufen zu halten. Denken Sie an Ihr erstes Auto: Der

Kaufpreis war das eine, die Tankfüllung das andere. Wenn dann noch die Versicherung und Reparaturen dazukamen, wurde es eng.

Betriebsergebnisplanung

Das ist das Herzstück Ihres Zahlenwerks. Hier zeigen Sie, ob und wie Ihr Geschäft funktioniert. Meistens orientiert man sich dabei am Aufbau einer typischen Gewinn-und-Verlust-Rechnung. Oben wird der geplante Umsatz eingetragen, manchmal aufgegliedert in Produktgruppen oder Geschäftsfelder, so wie Sie es im Businessplan dargestellt haben. Dann werden in der Regel die Materialkosten oder Kosten, die zur Herstellung Ihres Produktes oder Ihrer Leistung anfallen, aufgelistet. Dann kommen die anderen Kosten, vom Personal, die Raumkosten bis hin zur Versicherung, aber auch Marktkommunikation und Werbung werden hier aufgelistet. Unten ist dann das Betriebsergebnis abzulesen. Oft werden dann noch die Abschreibungen, Kapitalkosten und Zinszahlungen sowie die Steuer aufgeführt und vom Betriebsergebnis abgezogen.
Am besten verwenden Sie eine Vorlage, die Ihnen zusagt. Auch Steuerberater können hier gut unterstützen.

Finanz- und Liquiditätsplanung

Diese Planung ist nicht ganz einfach, denn Geldströme und die Materialströme finden nicht immer zur selben Zeit statt. Zum Beispiel werden Sie eine Anzahlung oder Vorauskasse erhalten, mit der Sie aber nur einen kleineren Teil der nötigen Materialien beschaffen können, außerdem fallen dreimal Lohn- und Gehaltszahlungen an, bis Sie Ihre Schlussrechnung stellen können. Zudem gibt es noch Zahlungsziele. All das gilt es, einmal exemplarisch durchzudenken. Das müssen Sie tun, auch wenn es dann in der Realität anders kommt. Ein Fachmann kann Ihnen hierbei helfen.

Bilanzplanung

Eine Bilanz ist nicht so kompliziert, wie viele denken. In gewisser Weise ist sie eine Momentaufnahme Ihres Unternehmens am Bilanzstichtag. Das ist oft der 31. Dezember eines Jahres. Anhand dieser Momentaufnahme lässt sich der Vermögens- und Schuldenstand Ihres Unternehmens erkennen. Dabei sind Schulden nicht per se schlecht. Es kommt darauf an, wofür Sie die Schulden aufgenommen haben. Kritisch wird es, wenn die Fristen zwischen Ihren Verbindlichkeiten (das ist das, was Sie anderen schulden) und Ihren Forderungen (das ist das, was andere Ihnen schulden) nicht zusammenpassen. Die Bilanzplanung zeigt diese Entwicklung im Zeitverlauf. Auch hierbei kann ein Fachmann hilfreich sein.

Risikobewertung und Alternativszenarien

Wahrscheinlich haben Sie bereits mehrere Szenarien auf Ihrem Rechner abgespeichert, als Sie Ihren Umsatz geplant haben, um ihn dann in Ihre Betriebsergebnisplanung einzutragen. Spätesten als dort ein negatives Betriebsergebnis unten stand, fingen Sie an, an verschiedenen Stellschrauben zu drehen. Eine davon könnte die Verkaufsstückzahl gewesen sein, eine andere der Preis pro Stück. Schon sind Sie im Szenarienmodus. Das ist auch richtig. Oft dreht man dann noch an der Personaldecke und dem Investitionsvolumen.

Ich halte viel davon, diese Szenarien durchzuspielen. Sie lernen dabei viel, insbesondere lernen Sie Ihr Geschäft kennen. Ich hatte davon bereits gesprochen. Gehen Sie verschiedene Szenarien durch. Geben Sie ihnen griffige Namen. Sie werden merken, dass Ihr Denken immer schärfer wird, vor allem wenn Mike Tysons Zitat Realität werden sollte. Eigentlich müsste man diese Übung bereits in der Phase der Entscheidung (Kapitel 2) durchführen. Ich hatte es zu Beginn dieses Kapitels angesprochen, aber das ist oft nicht möglich. Zudem ging es damals um eine grundsätzlichere Frage, nämlich ob Sie sich überhaupt zutrauen, Unternehmer zu sein.

Ein Zahlenwerk zu erstellen, das Ihre Geschäftsidee als Verlustbringer darstellt, ist nicht schwierig. Das kann jeder sofort und das hätte Ihnen damals in keiner Weise geholfen. Jetzt aber können Sie zunächst sich selbst und dann anderen zeigen, dass Ihre Geschäftsidee funktionieren wird.

Wie Sie sicherlich gemerkt haben, stehe ich dem Erstellen eines Businessplans als Selbstzweck ziemlich kritisch gegenüber, vor allem wenn das zum zentralen, alles dominierenden Thema Ihres Handelns wird. Deswegen habe ich die sechs Fragen vor die Darstellung der Gliederung eines Businessplans gestellt. Dennoch kann man mehrere Gründe finden, die die Erstellung eines Businessplans durchaus rechtfertigen.

Zunächst ist der Auslöser für die Erstellung eines Businessplans meist ein formaler: Businesspläne dienen zur Absicherung für Banken oder andere Kapitalgeber. Formal deshalb, weil eine materielle Absicherung aufgrund der Unwägbarkeiten und Unsicherheiten, wie in Kapitel 2 dargelegt, schlichtweg nicht möglich ist. Besonders für Unternehmer wie Sie, die sich in der Funktion eines *Market Makers* oder Innovators befinden und beabsichtigen, Neuland zu betreten, den *Blue Ocean* zu erreichen. Genau genommen gibt es keine relevanten Daten, um potenziellen Umsatz zu beziffern. Daher die Szenarien als erste Intuition, ob es überhaupt funktionieren kann. Diese Kritik an der konkreten Prognose von Umsätzen und potenzieller Nachfrage ist nicht neu. Bereits in den 1930er-Jahren haben ökonomische Größen wie Friedrich August von Hayek und Ludwig von Mises diese geäußert und als »Anmaßung von Wissen«[11] gebrandmarkt.

Mit dieser Argumentation haben sie damals die Planungspraxis im Sozialismus kritisiert. Nun könnte man einwenden, dass die Planung einer gesamten Wirtschaft nicht dasselbe ist wie die Erstellung eines Businessplans, aber die Herausforderung, konkrete und bezifferte Aussagen zu treffen, wie sich die Zukunft in den nächsten fünf Jahren darstellen wird, ist aufgrund der hohen internationalen Vernetzung und Turbulenzen ähnlich hoch.

Es gibt noch einen zweiten Hauptkritikpunkt an der formalen Absicherung. Wenn Sie zurück an das vorangegangene Kapitel oder an die dritte Frage von oben denken, ahnen Sie bereits, wo diese Kritik ansetzt. Fast alle Businesspläne, die ich gelesen habe, sind so geschrieben, als ob sich das Geschäft bereits im etablierten Zustand, in der Marktphase »Einkaufsstraße, Fußgängerzone« befindet, was aber zum Zeitpunkt der Erstellung nicht der Fall ist. Entweder war also dem Autor des Businessplans nicht bewusst, wo er sich gerade befand, oder die Leser des Businessplans wussten nichts von der Existenz der verschiedenen Marktphasen zu Beginn eines Produkt- oder Unternehmenszyklus. Meiner persönlichen Erfahrung nach trifft oft beides zu, aber bei der Leserschaft liegt die Hauptlast. Auch wenn der Autor weiß, wo er sich gerade befindet, wird er immer noch versucht sein, so zu tun, als ob sein Unternehmen bereits in der »Einkaufsstraße« angekommen sei, denn ansonsten wird er nicht verstanden und bekommt nicht das gewünschte Kapital.

Nehmen wir beide Argumente zusammen, ist die Konsequenz, dass fast alle Businesspläne, die nur der formalen Absicherung dienen, nicht zutreffend sein können. Erfahrene Investoren hingegen wissen das und haben ihre eigenen Kriterien entwickelt, auf die sie achten, etwa darüber, wann sie einsteigen. Im Vorwort können Sie diese bereits finden.

Bei allen Kriterien, die man von erfahrenen Investoren zu hören bekommt, lassen sich diese herausdestillieren: die Wachstumsaussichten des Marktsegments, in dem das künftige Unternehmen tätig sein will, der Innovationsgrad der Anfangsidee sowie die unternehmerischen

Fähigkeiten der Gründer und Ideengeber, aber vor allem ist es eine gute Geschichte, in die investiert wird. Zahlen allein überzeugen nicht.

Der zweite Aspekt, warum ein ausgereifter Businessplan von großem Wert sein kann, ist die Kommunikation mit Außenstehenden und Stakeholdern außerhalb der Gruppe der Investoren und Kapitalgeber. Stakeholder sind Personen, die aufgrund ihrer Rolle ein bestimmtes Interesse oder Erwartungen an ein Unternehmen, Projekt oder Geschäft haben, wie Mitarbeiter, Lieferanten, Kreditgeber, Kunden, Gesellschafter und der Staat. Letzterer nicht nur wegen der Steuern, sondern auch aufgrund ökologischer Fragestellungen und wegen der öffentlichen Meinung, Stichwort *Social Compliance*. Mit der Kommunikation beschäftigen wir uns gleich.

Den dritten Aspekt habe ich bereits genannt. Bei der Erstellung Ihres Businessplans geht es in erster Linie um Sie selbst. *First thing is to convince yourself.* Denn: »*Once you are convinced by yourself, it is more likely that others will be convinced, too.*« Jetzt sind wir beim eigentlichen Thema dieses Kapitels: Ihrer Kommunikation und Ihrer Story. Auch zu diesem Thema gibt es mittlerweile eine wahre Flut von Artikeln, Büchern, YouTube-Videos und natürlich auch Experten und Beratern. Kein Wunder, der Sinn einer Story, einer guten Geschichte ist schließlich, eine menschliche Regung, eine Emotion, zu provozieren. Das Wort kommt aus dem Lateinischen: *emovere* bedeutet »in Bewegung setzen«. Es geht um Bewegung und Aktion. Genau das wollen Sie erreichen und bewirken. Ihre Kunden sollen Ihre Produkte kaufen, fähige Menschen sollen bei Ihnen anheuern, gute Lieferanten sollen zu Ihren Kooperationspartnern werden und Investoren sollen in Sie und Ihre Idee investieren. Dazu brauchen Sie eine gute Story, die Emotionen weckt. Derzeit scheint der Begriff *Storytelling* groß in Mode. Doch keine Angst, Sie müssen nicht zum Bestsellerautor mutieren. Ich erinnere mich gut an Zeiten, da war ständig von *Re-Engineering* die Rede, davor von *Outsourcing* und *Lean Production*. Auch die Managementmethoden, so scheint es, unterliegen Modetrends.

Mir geht es darum, dass Sie sich nicht nur auf Ihre Technologie und die Zahlen verlassen und dann enttäuscht sind, dass man Ihnen nicht folgt. Nach dem, was Sie bereits alles gelesen haben, mag das sonderbar klingen, aber es ist leider immer noch der häufigste Fall, gerade und insbesondere bei Naturwissenschaftlern. Mir geht es hier um eine Geisteshaltung, um ein *Mindset*. Genauer gesagt um die Fähigkeit, Ihre Zuhörer und künftigen Partner, seien es Ihre Kunden, Mitarbeiter, Kapitalgeber oder Lieferanten, zu bewegen, bei Ihnen mitzumachen, mit Ihnen zusammen in den *Blue Oecan* zu segeln, pathetisch ausgedrückt. Diese Fähigkeit verbinde ich mit dem Storytelling – kurz gesagt, es geht darum, dass Sie andere begeistern.

Ich werde Ihnen nun drei äußere und drei innere Elemente einer guten Story vorstellen. Leider kann ich Ihnen keinen direkten Literaturhinweis dazu geben. Diese Elemente sind mehr ein persönliches Destillat aus den Erfahrungen der vergangenen Jahre. Vieles kommt Ihnen sicher bekannt vor.

Die drei äußeren Elemente einer guten Story sind: die Ausgangssituation oder das Set-up, die Komplikation und die Auflösung. Der Trick dabei ist, möglichst spezifisch oder genau zu sein, denn Sie wollen ein konkretes Bild im Kopf Ihres Zuhörers erzeugen. Beginnen Sie Ihre Geschichte, indem Sie Zeit und Ort präzise beschreiben. Benutzen Sie direkte Rede in Dialogform, um insbesondere die Komplikationen aufzuzeigen. Vielleicht erinnern Sie sich noch, wie wir uns als Jugendliche gegenseitig Geschichten erzählt haben: »Er sagt: ›Das geht so nicht.‹ Darauf sag ich: ›Das darf doch nicht wahr sein‹, darauf er wieder: ›Doch, das ist wahr.‹ – ›Nee, ist es nicht.‹« Sie mögen jetzt schmunzeln, denn genau das wurde uns im Deutschunterricht abtrainiert. Damals mussten wir lernen zu abstrahieren. Jetzt komme ich und erzähle Ihnen genau das Gegenteil. Am Ende Ihrer Geschichte formulieren Sie bei der Auflösung Ihre Botschaft, also das, was Sie vermitteln wollen, als Moral von der Geschicht' wie im Märchen oder neuhochdeutsch als Take-away.

Nun zu den drei inneren Elementen einer guten Geschichte. Innere Elemente, weil es hier um Emotionen geht. Durch unsere Emotionen bewerten wir unsere Umwelteindrücke und Reize, indem wir ihnen einen für uns relevanten Wert verleihen. Dieser Wert liefert dann den Anreiz zu handeln oder auch nicht. Liegt beispielsweise ein Laubblatt auf dem Gehweg, werden wir deswegen nicht auf die andere Straßenseite wechseln. Kommen hingegen drei frei laufende Rottweiler auf uns zu, versuchen wir, schnell die Straßenseite zu wechseln, oder überlegen uns eine Strategie, wie wir diesen Tieren begegnen wollen. Emotionen sorgen dafür, dass am Ende der Geschichte etwas geschieht, dass gehandelt wird oder eben nicht.
Die drei inneren Elemente einer Geschichte sind Relevanz, Konnektion und Empathie. Relevanz im Zusammenspiel mit Konnektion beantwortet die Frage »Was hat das mit mir zu tun?« oder »Wieso ist das für mich wichtig?«. Es geht dabei um Nähe, Nutzen und Neuigkeiten. Aus der Nähe entsteht eine Verbindung. Diese Verbindung drückt Wertschätzung aus. Wertschätzung ist immer eine Emotion. Das sagt noch nichts über den Wert, ob positiv oder negativ, aus. In unserem Fall soll die Wertschätzung als angenehm und positiv empfunden werden, Empathie soll hervorgerufen werden. Diese drei Elemente verstärken einander also. Es entsteht eine Aufwärtsspirale oder ein Tornado. So werden Beziehungen geknüpft und ausgebaut, aber auch zerstört.
Genau dieses Phänomen, *the wheel of relationship building,* habe ich während meiner Ausbildung im Rahmen des Six-Sigma-Qualitätsmanagementprogramms zu einem sogenannten *Black Belt* vorgestellt bekommen. Damals ging es um Veränderungen der Unternehmensabläufe und der damit einhergehenden emotionalen Reaktionen der Betroffenen. Ziel dieser Vorstellung damals war, dass wir sehr bewusst im Umgang mit den Betroffenen agieren sollten. Die Gefahr, die Emotionen zu vernachlässigen, ist groß.
Geschichten sorgen dafür, dass sich das Rad in die richtige Richtung dreht. Geschichten sind sogar der Antrieb dieses Rads. Menschen haben sich schon

immer Geschichten erzählt und die eingängigste Form einer guten Geschichte, die alle sechs Elemente des Storytellings richtig dosiert vereint, ist ein guter Witz.

Noch ein pragmatischer Gedanke, bevor wir uns konkret auf Investorensuche begeben. Diesen Kniff, wie man aus einer guten Geschäftsidee einen griffigen *Elevator Pitch* formuliert und eine spannende Geschichte in einer überzeugenden Präsentation erzählt, hat mir ein befreundeter Unternehmer verraten. Sie brauchen nur einen Bleistift und einen Zettel. Zeichnen Sie auf den Zettel sechs gleich große Kästchen, zwei nebeneinander, drei untereinander. Diese Kästchen repräsentieren Ihre PowerPoint-Charts, auf denen Sie Ihre Geschäftsidee und Ihren Businessplan vorstellen wollen. Jetzt formulieren Sie die Titel der Charts. Nicht mehr! Also sechs Titel insgesamt. Jeder dieser Titel ist ein Aussagesatz, der sich auf das, was später auf dem Chart steht, bezieht. Da man als Schriftgröße für PowerPoint-Titel um die 26 pt wählen sollte, müssen diese Sätze sehr prägnant formuliert werden. Diese sechs Sätze bilden das Grundgerüst Ihrer Geschichte und sind letztlich auch Ihr Elevator Pitch. Wenn Sie dann den entsprechenden Inhalt in Form von Zahlen, Grafiken und Bulletpoints in diese Charts eingetragen haben, haben Sie Ihre Präsentation erstellt. Natürlich können Sie weitere Zahlen, Daten, Fakten in der Reserve halten, falls Nachfragen kommen oder wenn von Ihnen erwartet wird, noch ausführlicher zu berichten. Wichtig ist jedoch, dass Sie auf keinen Fall die Charts vorlesen, denn das nervt und langweilt. Erzählen Sie einfach Ihre Geschichte, frei!

Ihre Geschäftsidee ist kein Witz, aber wenn Sie Ihren Elevator Pitch wie einen guten Witz erzählen können, haben Sie sich für die Poleposition qualifiziert. Da wir uns in diesem Kapitel auf die Investorensuche begeben haben, sollte Ihre Geschichte auch die Emotionen von Investoren wecken. Wenn die oben genannten Kriterien erfüllt und die Zahlen einigermaßen plausibel und nachvollziehbar sind, dann macht Ihre Story den Unterschied aus. Nicht vergessen, Sie sind nicht allein. Es gibt noch andere Ihres Kalibers, auch wenn es meiner Meinung nach viel zu wenige sind, die ebenfalls auf Investorensuche sind. Die Leute investieren wie gesagt in Geschichten. Wer ist nun Ihr richtiger Zuhörer? Wer passt jetzt zu Ihnen?

Investor ist nicht gleich Investor. Es gibt viele verschiedene Möglichkeiten, Kapital zur Verfügung gestellt zu bekommen. Das Thema Finanzierung ist neben dem Marketing eines der Kernelemente der Betriebswirtschaftslehre. Dementsprechend gibt es viele Fachleute. Diese finden Sie an den unterschiedlichsten Stellen und entsprechend unterschiedlich sind auch deren Investitionsverhalten und das Anforderungsprofil, dem Sie genügen müssen. Kurz, es liegt ein wahrer Dschungel vor Ihnen. Oder, wenn Sie ein anderes Bild bevorzugen: Sie wollen die Nadel im Heuhaufen finden.

Kapitalgeber und Investoren sind nicht immer nur reiche Privatpersonen. Auch der Staat und größere gemeinnützige Organisationen beteiligen sich gern an Unternehmen. Das Beispiel NASA hatte ich bereits erwähnt. Vielleicht bringt folgende knappe Übersicht ein wenig Licht ins Dunkel. Als Kapitalgeber kommen folgende Gruppen infrage: der Staat, die Geschäftsbanken sowie private Kapitalgeber.

Der Staat bietet eine ganze Reihe von Unterstützungen für Sie an, beispielsweise in Form von Fördermitteln, die sowohl technologisch als auch beschäftigungspolitisch ausgerichtet sein können. Darüber hinaus gibt es diverse Steuererleichterungen. Da die Bundesrepublik föderal organisiert ist, können Sie sowohl auf Bundesebene als auch auf Landesebene oder sogar manchmal auf kommunaler Ebene Unterstützung nicht nur in Form von Geld, sondern auch in Form von anderen Ressourcen wie Flächen oder Gebäuden oder sogar Dienstleistungen erhalten. Neben dem Staat gibt es quasistaatliche Institutionen wie die Beteiligungsgesellschaften Ihres Bundeslandes. Hier kommen Staat und Geschäftsbanken zusammen. Auch bei der KfW, der Kreditanstalt für Wiederaufbau, könnten Sie fündig werden. Die KfW ist wie eine Geschäftsbank organisiert, aber sie ist keine Geschäftsbank, sondern das Instrument des Staats für seine Fiskalpolitik. Will der Staat etwas Bestimmtes bezwecken und ist bereit, dafür Geld zu investieren, dann macht er das über die KfW. Als Einstieg in die Suche ist die KfW neben Ihrer Handelskammer immer eine gute erste Adresse. Das bedeutet nicht, dass Sie dort stets fündig werden, aber Sie erhalten in jedem Fall eine konkrete und aktuelle Übersicht.

Die Geschäftsbanken sind ihrem Wesen nach die klassischen Kreditgeber. Da Sie auf alle Fälle eine Kontoverbindung brauchen, rate ich Ihnen, auch mit Ihrer Hausbank zu sprechen. Ein Tipp noch: niemals ein privates Konto und Unternehmenskonto bei derselben Bank führen. Trennen Sie das unbedingt. Die daraus resultierenden Erfahrungen möchte ich Ihnen ersparen. Noch eine Bemerkung: Die Geschäftsbanken sind eher im fortgeschrittenen Stadium der Vermarktung ein potenzieller Partner.

Im privatwirtschaftlichen Bereich ist die Metapher des Dschungels mehr als treffend. Es gibt so viele verschiedene Spezies. Da sind zum einen die Risikokapitalgeber, sogenannte Venture-Kapitalisten, aber auch die Business Angels, die Family Offices und Stiftungen, daneben gibt es die großen Unternehmen, die an der Börse notiert sind, und natürlich auch Ihre Lieferanten. Die sind sogar hochinteressant für Sie. Zu guter Letzt *Family and friends*. Weil diese Szene so unübersichtlich ist, gibt es mittlerweile versierte Spezialisten, die nichts anderes machen als ein solches *Matchmaking*. Sozusagen Heiratsvermittler für Unternehmen. Dies geschieht in mannigfachster Weise, von Kennlernabenden in schicken Businessklubs bis hin zu privaten Treffen à la Tupperparty, und natürlich gibt es auch Internetbörsen analog zu den Dating-Sites. Und wie bei jeder guten Party wollen Sie nicht als Langweiler rüberkommen, sondern als interessant wahrgenommen werden. Jetzt zeigt es sich, wie gut Ihre Story und Ihr Elevator Pitch wirklich sind. Ein Gedanke noch dazu: Nicht nur Sie suchen Investoren, auch Investoren suchen Sie!

Apropos Heiratsvermittlung: Sie sollten eine Vorstellung von der Art der Partnerschaft haben, die Sie eingehen wollen. Denn das müssen Sie immer im Hinterkopf behalten: Sie bekommen Kredite von Ihren Partnern, auch wenn Sie es als Eigenkapital, Equity, formal in Ihrem Unternehmen verbuchen. Kredite müssen immer zurückgezahlt werden und jeder Kapitalgeber will zudem etwas mehr für sein Geld oder für die Ressourcen, die er Ihnen zur Verfügung stellt, haben. »There is no free lunch« ist ein geflügeltes Wort unter Ökonomen. Diese Rendite, das ist der Fachbegriff, zahlen Sie meist in Form von Geld, sie kann aber auch in der Verpflichtung bestehen, sich in einer bestimmten Region anzusiedeln oder eine bestimmte Gruppe Menschen als Mitarbeiter oder eine bestimmte Anzahl von Mitarbeitern zu beschäftigen oder Ihre Erkenntnisse in Patentform anderen zu überlassen. Sie erinnern sich vielleicht noch an die Diskussion, ob die Patente zur Impfstoffproduktion an Schwellenländer umsonst abgegeben werden sollten, da sie schliesslich mit staatlicher Förderung geschaffen wurden. Also denken Sie an die letzte Frage, die ich zu Beginn dieses Kapitels gestellt habe. Welche Bedingungen wären Sie bereit zu akzeptieren?

Sie heiraten ja auch nicht sofort nach der ersten Begegnung – oder vielleicht doch? Leider geschieht es nur allzu oft, dass man den Kreditgeber nimmt, der gerade des Weges kommt. Schlimmer noch, man wirft sich diesem an den Hals. Warum? Vermutlich, weil man zu früh gegründet hat und nun in Liquiditätsschwierigkeiten steckt. Das ist nicht sehr attraktiv und entsprechend schwach ist dann auch die eigene Verhandlungsposition. Die folgende Übersicht zum Thema Investitionen und Partnerschaften habe ich aus verschiedenen Quellen[12,13] zusammengestellt.

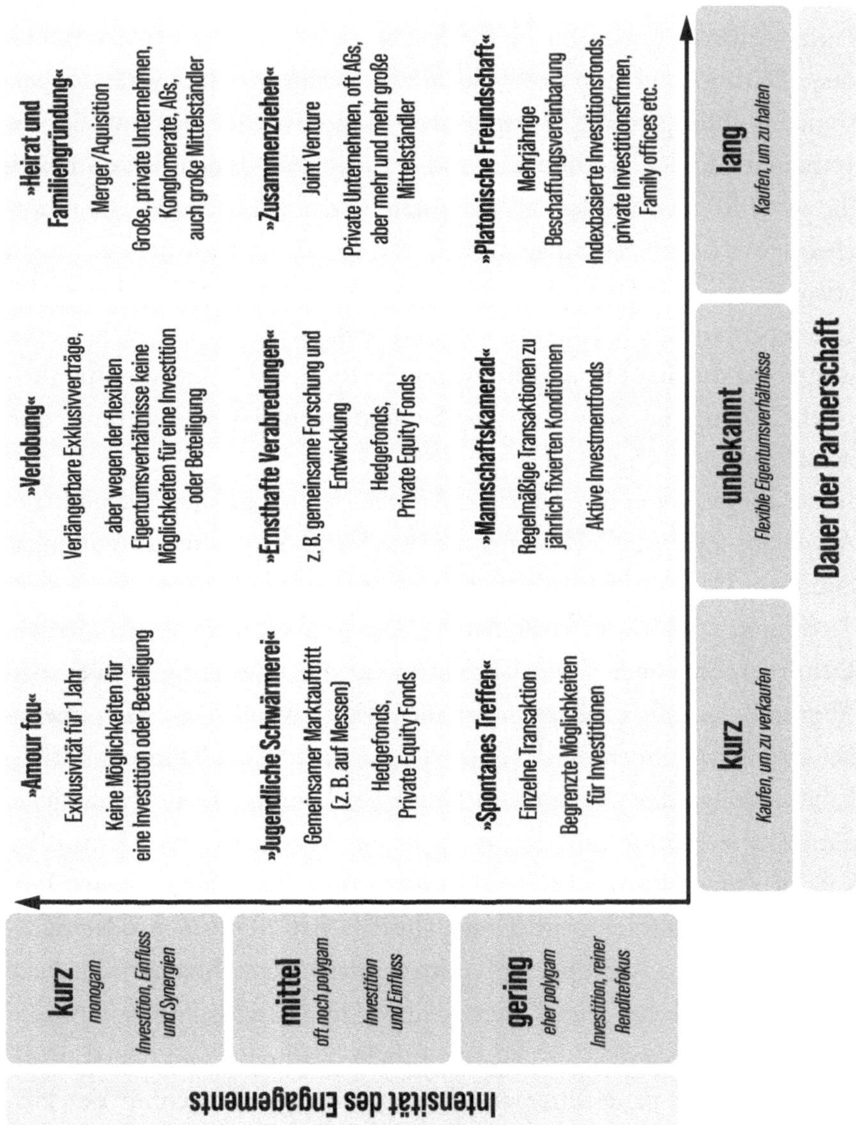

Abbildung 4.1: Investitionen und Engagement in Partnerschaften

Partnerschaften haben im Geschäftsleben wie im Privatleben verschiedene Zeithorizonte und unterschiedliche Formen der Intensität des persönlichen Engagements. Entsprechend ausgerichtet ist das Investitionsverhalten und der Renditefokus und entsprechend finden sich dort auch die verschiedenen Spezies der Investoren wieder. Ich habe sie in den Kästchen jeweils zuunterst aufgeführt. Den Staat als Investor habe ich nicht erwähnt, denn im Sinne einer Beteiligung ist er für Sie nicht relevant. Sie sind noch zu klein. Fördermittel und Steuererleichterungen hingegen sollten Sie durchaus beachten. Ansonsten ist diese Übersicht selbsterklärend. Wichtig für Sie ist nur, dass Sie und Ihr potenzieller Investor sich im selben Kästchen verorten.
In der Praxis gibt es drei typische Marktabschnitte auf dem Technologie-Akzeptanz-Zyklus, wo Unternehmer wie Sie und Investoren zusammenkommen. Der Marktabschnitt, der mit Abstand am häufigsten zu einem Treffpunkt wird, ist die »Kegelbahn«. Das ist auch nicht verwunderlich. Denn Unternehmen und Unternehmer, die den Sprung über den Abgrund geschafft haben, werden aller Wahrscheinlichkeit nach überleben und haben, indem sie das erste Marktsegment zu 100 Prozent bedient haben, gezeigt, dass dort ein Geschäft liegen könnte. Das überzeugt jene, die in neue Märkte und Technologien investieren wollen. Denn diese befinden sich selbst in der Regel in der dritten Phase ihres eigenen Produkt- oder Unternehmenslebenszyklus, in der Marktreife oder Sättigungsphase. Das Konzept des Produkt- oder Unternehmenszyklus habe ich Ihnen in Kapitel 3 im Zusammenhang mit dem Technologie-Akzeptanz-Zyklus vorgestellt. Genau genommen beschreibt und operationalisiert der Technologie-Akzeptanz-Zyklus den ersten Abschnitt des Produkt- oder Unternehmenslebenszyklus, die Start-up-Phase. Dieser Treffpunkt prägt daher auch das Bild und Geschehen der Beteiligungs- und Start-up-Szene. »Szene« ist daher auch die richtige Bezeichnung. Die Analogie zum Gesellschaftsleben ist nicht zu übersehen. Wenn man dort

ist, ist man *in*. Und genauso inszeniert sich die Start-up-Szene auch, von angesagten DJs über entsprechende Locations bis hin zu den immer präsenten *beautiful people*. Ehemalige Gründer treten wir Rockstars auf. Selbst die Glanzblätter und Gesellschaftsmagazine berichten über Unternehmensgründungen. Aber bis dahin muss man es erst einmal schaffen. Die beiden anderen üblichen Treffpunkte liegen davor. Der eine davon ist auch noch einigermaßen glamourös, der andere überhaupt nicht. Sie ahnen es bereits. Der Erstgenannte bezieht sich auf die Frühphase. Hier treffen sich die Visionäre. Ihre Geschichten sind fast immer bombastisch und weltverändernd. Diese Geschichten finden Zeitungen und Zeitschriften sehr attraktiv. Sie lassen sich gut erzählen und noch besser verkaufen, denn die Menschen möchte nicht nur schlechte, sondern auch hoffnungsvolle und positive Nachrichten lesen. Der andere Treffpunkt findet eher im Geheimen statt. Hier wird keine Party veranstaltet: Es geht darum, über den Abgrund zu springen. In der Regel scheuen Investoren diese Phase. Das ist verständlich, denn das Risiko ist hier extrem hoch. Besser, man wartet auf der anderen Seite, auf der »Kegelbahn«. Aber es gibt tatsächlich Investoren, die »mitspringen«. Nicht die klassischen Investoren, die eine Rendite in Geldform erzielen wollen, sondern Partner, die sich den Sprung zutrauen und dann in der nächsten Phase die Poleposition oder Marktbeherrschung anstreben, bevor der Tornado loslegt.

Sie sehen, wie wichtig es ist, dass Sie einander gut verstehen und dasselbe Vokabular verwenden, dass sie sich gegenseitig die richtigen Fragen stellen. Je nach Marktabschnitt benötigen Sie einen entsprechenden Partner. Dazu kann unsere Liste mit den neun Kategorien aus Kapitel 3 herangezogen werden.

Und wenn man sich gefunden hat, ist es im Geschäftsleben wie in der Liebe. Man umgarnt sich, man verabredet sich, man trifft sich, man spricht viel und macht etwas zusammen. Statt eines gemeinsamen Wochenendes kann das dann beispielsweise ein gemeinsamer Besuch bei einem potenziellen Kunden sein. Dann akquiriert man eventuell den ersten gemeinsamen Auftrag, den es abzuwickeln gilt. So kommt man sich immer näher. Natürlich gibt es auch Streit. Dann folgt hoffentlich die Versöhnung und schließlich zieht man zusammen. Geheiratet wird vielleicht auch. Es kommt darauf an, in welchem Kästchen Sie beide sich verorten. Wie im richtigen Leben braucht auch dieser Prozess seine Zeit. Seien Sie geduldig.

Am Ende war Ihre Investorensuche erfolgreich. Man steigt bei Ihnen ein. Sie haben Geld eingesammelt. Allerspätestens jetzt müssen Sie gründen. In der Start-up-Szene sind Sie jetzt einer von denen, die es geschafft haben. Sie sind jetzt *in*. Denken Sie! Jetzt erst wird es wirklich spannend.

Weiterführende Literatur

Zur Erstellung von Businessplänen gibt es eine wahre Flut von Literatur. Lassen Sie sich davon nicht abschrecken. Nehmen Sie das, was Sie persönlich anspricht.

- Sochan, Mark (2018): *The Art of Strategic Partnering: Dancing with Elephants.*

Anwendungskonzepte, aus Erfahrung gelernt:

The wheel of relationship building or cycle of team development

5. ALLES EINE FRAGE DER KULTUR – SO WIRD AUS DEM PROJEKT EIN PRODUKT

Die Flitterwochen sind vorbei und Sie schauen sich zufrieden in Ihrem Büro um. So haben Sie sich das vorgestellt. Ein richtiges Unternehmen. Mit Ihrem neuen Partner an der Seite können Sie endlich loslegen. Jetzt wird investiert wie im Investitionsplan beschrieben und die Mitarbeitersuche beginnt. Die Metaphern »Partnersuche«, »Heirat«, »Ehe«, »gemeinsamer Hausstand« beschreiben gut, was jetzt kommt. Nach den Flitterwochen beginnt der Alltag. Jetzt wird es ernst – und teuer. Sie müssen sich um zwei Baustellen gleichzeitig kümmern. Die eine ist offensichtlich, die andere ist es eigentlich auch, sie wird aber oft übersehen. Die erste ist das Fertigstellen Ihres Projektes und die Vervollständigung Ihres Produktes, das Was. Darum ging es die ganze Zeit. Das war der Auslöser Ihrer unternehmerischen Aktivitäten, der Inhalt Ihres Businessplans und das Thema Ihrer Investorensuche. Kurz, das war und ist Ihre Story. Aus diesem Grund gibt es Ihr Unternehmen überhaupt, Ihr *raison d'être*.
Die zweitgenannte Baustelle ist das **Wer** und das **Wie**. Das Wer sind Ihre Mitarbeiter, sowohl die internen als auch die externen bei Ihren Kooperationspartnern, Lieferanten und Dienstleistern. Zu dieser dritten Gruppe gehören auch Ihr Steuerberater, die externe Buchhaltung und Ihr IT-Service sowie Ihr Rechtsanwalt. Das Wie beantwortet die folgenden Fragen: Wie

gehen Sie miteinander um? Wie lösen Sie aufkommende Probleme? Wie bewerten Sie konkrete Situationen? Die offene Zahnpastatube lässt grüßen. Wie wird aus Ihrem Projekt ein Produkt? Wie funktioniert die Kooperation, wenn der Zeitplan Ihnen zwischen den Fingern verrinnt? Die Frage nach dem Wie betrifft Ihre Unternehmenskultur: Wie gestalten Sie Ihre tägliche Arbeit? Gibt es spontane Meetings auf dem Flur oder regelmäßige Treffen in einem festgelegten Zeitrahmen und mit einer vorab bekannten Agenda? Finden Ihre Meetings in der Lounge statt oder im Stehen, wie es bei easyJet die Regel ist? Kommen die Mitarbeiter vorbereitet in die Meetings und kennen ihre Rolle oder entwickelt sich sprechdenkend ein kreativer Prozess? Schauen alle Mitarbeiter auf Sie und geben Ihnen recht oder bevorzugen Sie offene Diskussionen in einer hierarchiefreien Atmosphäre? Werden verabredete Jobs erledigt oder ignoriert, weil sie sowieso zwei Stunden später im Alltagsgeschäft obsolet sind? Solche Fragen kennen Sie sicherlich und jede Seite hat etwas für sich. Struktur ist gut, offener Dialog auch.

Unterschätzen Sie dieses Thema nicht! Mir ist bewusst, dass Sie mit dem eigentlichen Thema, dem Was, mehr als genug gefordert sind. Es sind noch so viele Dinge zu erledigen, bevor Sie liefern können, technische Bugs herauszufiltern und zu beheben, dann noch der Verwaltungskram und das Liquiditätsmanagement. Die Mitarbeiter, denken Sie vermutlich, vor allem wenn Sie eine naturwissenschaftliche Ausbildung und Prägung haben, sind alt genug und schaffen das alleine, ohne Ihr Händchenhalten. Das sind schließlich Profis und sie bekommen dafür ein Gehalt. Aber Sie sind nicht mehr am Institut oder in einem Unternehmen angestellt. Der Unterschied zu früher ist nun, dass Sie jetzt derjenige sind, der das Ganze verantwortet. Es ist Ihr Unternehmen.

Ein Unternehmen unterscheidet sich von anderen allein durch seine Kultur. Das ist vielen nicht bewusst und nur zu wahr. Viele Fragen des Alltagsgeschäfts sind in jedem Unternehmen ähnlich, von der Urlaubsplanung angefangen über die internen Meetings bis hin zu den kritischen

Themen wie beispielsweise dem Umgang mit Fehlern während der Auftragsabwicklung, falschen Bestellungen oder Lieferverzug. Das eine Unternehmen geht so damit um, das andere eben anders. Anders formuliert: Ein Unternehmen kann letztlich alles verkaufen. Verkauft werden natürlich zuallererst die Produkte, die das Unternehmen herstellt oder handelt, aber oft auch die Maschinenstunden seines Maschinenparks, wenn die Auslastung nicht hoch genug ist, oder die Mitarbeiter auf Stundenbasis. Denken Sie an Servicemitarbeiter oder Berater und Programmierer vor Ort beim Kunden. Die gesamte Dienstleistungsbranche macht das mehr oder weniger und erwirtschaftet damit den größten Anteil an unserem Bruttoinlandsprodukt. Sie erinnern sich vielleicht noch an das 3-Sektoren-Modell aus dem Geografieunterricht: von der Landwirtschaft über die Industrialisierung zur Dienstleistungswirtschaft. Ein Unternehmen kann außerdem seine Räume als Veranstaltungslocation oder Co-Working-Space vermieten oder seine alten Möbel verkaufen. Es kann das alles auch parallel bewerkstelligen. Dies ist sogar fast immer die Regel. Aber es kann nicht seine Unternehmenskultur verkaufen. Sie ist nicht tangibel, auch wenn es schön wäre. Stellen Sie sich vor, Sie gehen in eine »coole Company« und fragen den Eigentümer, welchen Preis er für seine Unternehmenskultur aufruft und wann er liefern kann.

Bei Ihnen im Unternehmen ist jetzt noch alles möglich. Sie haben noch keine etablierte Kultur, aber es zeichnet sich bereits eine ab, nämlich die Ihre. Wie gehen Sie persönlich mit diesen Fragen um? Die Entwicklung der Unternehmenskultur ist jetzt Ihr persönliches, zweites und fundamentales Hauptthema.

Fundamental deswegen, weil Sie im Laufe Ihres unternehmerischen Lebens Ihr Produktprogramm so weiterentwickeln werden, dass man es kaum mit der Situation zur Zeit der Gründung vergleichen kann. Ihre Unternehmenskultur hingegen verändert sich nicht so rasant und bildet somit das Fundament aller künftigen Entwicklungen. Sie ist nicht phy-

sisch greifbar, aber dennoch immer präsent. Menschen machen Dinge auf eine bestimmte Art und Weise, und auf dieses Wie kommt es an. Konkret bedeutet das soeben Ausgeführte: Ihre Mitarbeiter sind neben Ihren Kunden Ihr wichtigstes Thema, denn ohne sie gibt es kein Was!
Noch ist Ihre Unternehmenskultur im Aufbau. Sie haben es voll in der Hand. Das sind die guten Nachrichten. Wie macht man das nun? Das bringt uns zurück zu Ihrer Story. Denn wie heißt es so schön? *Don't tell a story, relive the story!* Sie als der Ideengeber, Unternehmer und Gründer sind die Inkarnation Ihrer Story oder wie der Managementexperte Tom Peters in seiner unnachahmlichen Art uns allen zuruft: »Brand yourself!«[14] Sie sind die Marke, die Ihre Geschichte verkörpert. Pflegen Sie Ihre Marke, so wie die großen Markenartikler es auch tun. Wofür stehen Sie, wofür wollen Sie stehen und was soll man mit Ihnen verbinden? Diesen Ansatz kann ich Ihnen sehr ans Herz legen. Außerdem eignet sich die Lektüre von Tom Peters hervorragend, wenn Sie mal einen Durchhänger haben. Nach der Lektüre wissen Sie sofort wieder, dass Sie sich richtig entschieden haben.
An Ihrer Unternehmenskultur können Sie kurz gesagt immer arbeiten oder, andersherum formuliert, Sie können nicht *nicht* an Ihrer Unternehmenskultur arbeiten. Es verhält sich genauso, wie der Kommunikationswissenschaftler und Philosoph Paul Watzlawick es treffend über das Kommunizieren gesagt hat: »Man kann nicht nicht kommunizieren.«[15] Kultur ist Kommunikation.
Konkret bedeutet das für Sie: »Walk the talk« – das Führungsprinzip von Hewlett Packard. Es beginnt bereits damit, wie Sie morgens Mitarbeiter und Kollegen begrüßen und welche Kommentare Sie auf dem Weg in Ihr Büro abgeben. Gerade dieser Umgangston hat einen großen Einfluss auf Ihre Unternehmenskultur, und das nicht nur in den Gesprächen, sondern auch in der Art, wie Sie Ihre E-Mails verfassen. Die Mitarbeitenden beobachten Sie genau und haben eine klare eigene Auffassung, wofür Sie

stehen. Das muss nicht zwingend auch die Ihre sein. Dann erst entscheiden sich die Mitarbeiter, ob und wie Sie Ihnen heute folgen werden. Deswegen Ihr Brand-Management.

> Zusammenfassend heißt Ihre Formel jetzt:
> Sie = Ihre Story = Ihr Brand = Ihre Unternehmenskultur =
> Ihr Unternehmen = Ihr Erfolg.

Oder wie Tom Peters das Wesentliche seines Klassikers »In Search of Excellence«[16] und sein Lieblingsthema »Organisationseffizienz und Exzellenz« in sechs Wörtern zusammenfasst: »Hard is soft. Soft is hard.« Nebenbei bemerkt: Das ist mal ein griffiger Elevator Pitch. Seiner Erkenntnis nach erbringen nur diejenigen Unternehmen Spitzenleistungen, die ihre Unternehmenskultur entsprechend ausgerichtet und entwickelt haben. Dieses Statement verursachte damals einen richtigen Aufschrei, denn »Unternehmenskultur« war als Begriff nicht präsent und die Wahl der richtigen Unternehmensstrategie galt als das Nonplusultra. Als »hard stuff« bezeichnet Peters Zahlen, Daten und ausgearbeitete Pläne, die in einer konsistenten Unternehmensstrategie zusammengefasst werden. Als »soft stuff« bezeichnet er Menschen, Beziehungen und Umgangsformen, wofür er später auch den Begriff »Kultur« verwendet. Seiner Erfahrung nach entstammen Pläne oft mehr der Fantasie und die Zahlen können leicht manipuliert werden, was oft auch der Fall ist. »Hard numbers became soft.« Sie haben das kennengelernt, als Sie Ihr Zahlenwerk und Ihren Businessplan geschrieben haben. Entsprechend schwierig ist dann die Umsetzung oder Implementierung von Plänen und Strategien. Diesem Umsetzungsproblem auf die Spur zu kommen, war damals für Peters der Auslöser für die Beschäftigung mit diesem Thema, was zu seinem ersten Buch geführt hat. Hingegen ist es seiner Erkenntnis nach sehr hart und schwierig oder, um den Titel dieses Buches gerecht zu werden, ziem-

lich nervenaufreibend, eine Unternehmenskultur aufzubauen oder diese gar – meines Erachtens fast ein Ding der Unmöglichkeit – zu ändern. Genau aus diesem Grund habe ich dieses Kapitel mit diesem Thema begonnen und mein Verleger hat sich für diesen Titel entschieden.
Sie sollten trotzdem wissen, dass die »Schlacht« zwischen den Verfechtern von »hard« und »soft« immer noch andauert. Wahrscheinlich sind Sie auf die Harten und Zahlengläubigen bereits bei der Investorensuche gestoßen. Aber wie immer liegt die Wahrheit irgendwo dazwischen. Sowohl Zahlen, Daten und Pläne sowie eine fundierte Strategie als auch die Unternehmenskultur, der Umgangston und das Führungsverhalten sind für Ihren Erfolg wichtig. Sie müssen die richtige Balance finden, die für Sie das richtige Ergebnis liefert. Es ist ein dynamischer Prozess, der sich immer wieder der jeweiligen Situation anpasst. Genau dieses Ausbalancieren wird jetzt von Ihnen verlangt. Denn alles dauert viel länger als geplant. Obwohl Sie und Ihr Team damit gerechnet haben, Rückschläge durchaus bedacht und etliche Puffer eingeplant haben. Sie sind ja nicht naiv. Sie haben das eine oder andere Projekt in Ihrem Leben bereits erfolgreich abgeschlossen. Ansonsten hätten Sie dieses Unternehmen auch nicht begonnen. Sie können das eigentlich. Als versierter ehemaliger Projektleiter haben Sie sogar eine FMEA, eine Fehlermöglichkeiten- und Einflussanalyse durchgeführt. Was ist passiert?
Eigentlich nichts, zumindest nichts Gravierendes. Ihre Technologie funktioniert. Das haben die vielen Versuche und Trials gezeigt. Sie können mit Fug und Recht behaupten und beweisen, dass Sie den Technologiereifegrad 6 erreicht hatten, bevor Sie in die Gespräche mit Investoren gegangen sind. Ansonsten hätten diese Ihnen gar nicht zugehört. Im Technologiereifegrad 6 haben Sie Ihre Technologie in der Einsatzumgebung demonstriert, wie es so schön in der Reifegradeinteilung beschrieben ist. Während der Suche und der Gespräche mit den Investoren waren Sie und Ihr Team auch nicht untätig. Sie konnten Ihren Prototyp sogar

bei einem Kunden im Einsatz vorführen, was dann den Anforderungen des Reifegrads 7 entsprach und den Abschluss der Verhandlungen deutlich vereinfachte. Beides, Suche und Gespräche sowie Fortschritt in der Sache, war ein hartes Stück Arbeit, auf das Sie zu Recht stolz sein können. Was war es dann?

Das fing schon im Vertrieb an. Leider gehörte der Kunde, dem Sie Ihren Prototyp vorgeführt haben, nicht der Gruppe der Pragmatiker an. Sie kannten ihn aus alten gemeinsamen Tagen. Er war ein Visionär wie Sie. Jetzt, mit der neuen Kapitalausstattung im Rücken, können Sie es wagen, den nächsten Marktabschnitt anzugehen, den Sprung über den Abgrund. Zum Glück wussten Sie, was jetzt vor Ihnen liegt. Sie hatten Ihre neue Zielgruppe, die sogenannten Pragmatiker, genau im Auge. Ein Kunde schien bereit, sich auf Sie und Ihre neue Technologie einzulassen. Ein vollständiges Produkt haben Sie noch nicht. Das soll jetzt geschehen. Aber dieser neue Kunde war noch nicht ganz überzeugt und verlangte noch einige Referenzen. Ihm dieses Ansinnen auszureden und stattdessen eine Vorführung anzubieten, hat Sie viel Zeit und Mühe gekostet. Außerdem war sein Leidensdruck doch nicht so hoch, wie es zunächst aussah. Zumindest war er bereit, mit Ihnen zu sprechen, was Sie natürlich sofort gemacht haben. Man lernt immer etwas in solchen Gesprächen und Ihre Investoren sind zufrieden und beruhigt, je mehr Kundenkontakte Sie haben. Die Bestellung aber blieb aus.

Also orientierten Sie sich um. Sie fanden in der Tat einen neuen Kandidaten, der für den Sprung als »Landezone« geeignet sein könnte. Sie hatten sogar noch einen zweiten Anwendungsfall, der ebenfalls geeignet sein könnte. Beiden *Leads*, so nennt man das auf Neuhochdeutsch, gingen Sie nach. Schlussendlich hat der eine bei Ihnen bestellt. Die Verhandlungen waren hart, aber fair. Jetzt wissen Sie, wie es sich anfühlt, nicht mehr mit Visionären und Ihresgleichen, sondern mit Pragmatikern zu verhandeln. Ein ganz anderer Schnack. Nächstes Mal mehr Zeit einplanen!

Trotz allem, Sie hatten den Auftrag. Jetzt mussten Sie nur noch in der vorgegebenen Zeit liefern. Das sollte machbar sein. Nur gab es dann diesen einen Krankheitsfall beim Projektleiter Ihres Kooperationspartners, dann kamen die bestellten Teile zu spät und zu allem Überfluss stimmten die Toleranzen nicht, also mussten noch mal alle Zeichnungen geprüft werden. Das hat Zeit gekostet. Auch bei den Programmierern hat es länger gedauert als gedacht, obwohl dort ein hervorragender Scrum Master* am Werk war. Und das hatten Sie vollkommen vergessen: Ihre Mitarbeiter haben Anspruch auf Urlaub und der muss genommen werden. Man kann ihn vielleicht einmal verschieben, aber nicht immer wieder. Ihre Mitarbeiter sind keine Unternehmer, auch wenn sie von Ihrer Idee und Ihnen begeistert sind.

Diese Nickeligkeiten sind, jede für sich genommen, nicht der Rede wert. Sie erfordern kein Umlenken oder harte Maßnahmen Ihrerseits, aber, und das ist das Tückische, sie kumulieren sich schleichend. Nicht unbedingt jeden Tag passiert etwas, aber eine Woche ist schnell vergangen und Sie warten immer noch auf den einen Rückruf. Nach vier Wochen ist schon etwas Größeres zusammengekommen. Es ist wie beim Schneeschieben. Auch wenn die Schneedecke nicht hoch ist, irgendwann bleibt der Schneeschieber im Schnee stecken. Im übertragenden Sinn bedeutet das: Sie müssen klärende Gespräche mit den jeweiligen Betroffenen führen. Diese Gespräche sind dann auch wieder sehr eigen und schwierig, aber ganz anders als die Gespräche, die Sie zuvor mit den verschiedenen Investoren geführt haben. Damals haben Sie vornehmlich Ihre Geschichte erzählt, jetzt müssen Sie auf die Einwände und Bedenken Ihrer Gesprächs-

* Scrum Master sind ein wesentlicher Bestandteil des heute mehr und mehr üblichen agilen Projektmanagements. Sie agieren an der Schnittstelle zwischen dem Kunden und Auftraggeber auf der einen Seite und den Entwicklern und Programmierern auf der anderen Seite und sorgen dafür, dass nicht an den Anforderungen des Kunden vorbeiprogrammiert wird. Das geschieht in sehr regelmäßigen, manchmal sogar täglichen Rückkopplungs- oder Feedbackschleifen.

partner intensiv eingehen. Unabhängig davon, ob Sie mit den eigenen Mitarbeitern oder mit Ihren externen Partnern sprechen, auf keinen Fall darf Ihr Nachfragen, Nachhaken oder Ihre Kritik als Anschuldigung aufgefasst werden. Sie sind noch zu abhängig von deren Wohlwollen. Deswegen ist es so schwierig.

»Schwierige Gespräche führen« wird zu einer Ihrer neuen Hauptbeschäftigungen, ob Sie wollen oder nicht. Auch hier kommt es sehr darauf an, welchen Ton Sie anschlagen. Vielleicht ist das sogar noch das Gute daran. Gerade in harten Verhandlungen und schwierigen Gesprächen offenbart sich allen Beteiligten und auch denen, die nicht am Tisch sitzen, wie Ihre Unternehmenskultur wirklich ist und in welchem Unternehmen sie gelandet sind. Wenn Ihnen also die Hutschnur platzt und Sie laut werden, kriegen das nicht nur diejenigen im Raum mit, sondern auch die Nichtanwesenden. Entweder haben sie Sie akustisch wahrgenommen oder man hat es ihnen erzählt. Schwierige Gespräche, dazu zähle ich auch Verhandlungen, sind somit immer eine Möglichkeit, Ihre persönliche Marke zu pflegen und Ihre Unternehmenskultur weiterzuentwickeln – oder zu zerstören. Also Nerven behalten und gute Gespräche führen.

Während der Pandemie und im ersten Lockdown habe ich nochmals fast von der Pike auf Verhandeln gelernt, denn ich musste mit fast jedem Stakeholder unseres Unternehmens Gespräche führen. Angefangen hat es mit den Krankenkassen, die normalerweise kaum mit sich reden lassen. Es ging weiter mit dem Vermieter, gefolgt von einigen Lieferanten bis hin zu den Mitarbeitern. Auch Kurzarbeit muss genau erklärt und gemeinsam besprochen werden. Eine reine Anordnung wäre kontraproduktiv.

All die vielen Trainings, die ich vorher dazu absolviert hatte, als ich noch bei einem Großkonzern beschäftigt war, waren mir viel zu statisch und zu grundsätzlich. Man hat in der Regel nicht die Zeit und vor allem nicht die Informationen, um die Bedürfnisstruktur der Gegenseite oder des Gesprächspartners zu analysieren. Zudem ist die geforderte ausgleichende

Wortwahl im Berufsalltag schwierig umzusetzen. Das war nicht meine Sprache und wirkte auch nicht authentisch. Ich brauchte etwas, das ohne diese Vorabanalytik und ohne diese Sprechweise auskam, zumal ich oft auf Englisch, aber nicht mit Muttersprachlern sprechen muss. Mir hat der Verhandlungsansatz der Unterhändler der Polizei sehr geholfen. Wussten Sie, dass bei fast jedem Einsatz des SEK auch ein Unterhändler dabei ist? Mir war das neu.

Ohne Ihnen jetzt die komplette Kurzfassung dieses Verhandlungsansatzes darzustellen, ein paar Worte dazu. Der Kern liegt im Beziehungsaufbau zu Ihren Gesprächspartnern. Sie sehen, auch hier begegnet uns das Kulturthema wieder. Erst wenn ein gewisses gegenseitiges Vertrauen gewonnen wurde, lassen sich gemeinsam Lösungswege finden, entwickeln und realisieren. Gerade diese Form der Realisierung ist ein wesentlicher Teil der Verhandlung, denn er bestätigt und verstärkt das gegenseitige Vertrauen. Kleine, sofort realisierbare Schritte sind der Erfolgsfaktor, beispielsweise das nächste Telefonat exakt zur verabredeten Zeit oder eine E-Mail als Rückmeldung über den Erhalt der letzten Information. Auf diesem Niveau geht es los. Gutes Zuhören ist der zweite Erfolgsfaktor, aber nicht so, wie es manche Topmanager machen, die zuhören und fragen, aber keine Verbindung, keine Connection zu ihrem Gesprächspartner eingehen wollen, um ihre hierarchische Überlegenheit zu demonstrieren. Ähnlich wie beim Storytelling geht es hier um Relevanz und Connection, also um die Verbindung zueinander, damit ein gewisses Vertrauen entsteht. Wenn Polizeiunterhändler das mit Geiselnehmern und anderen Straftätern hinbekommen, dann sollte ich wohl in der Lage sein, auch mal mit einem Mitarbeiter der Krankenkasse zu sprechen.

All das strapaziert nicht nur Ihr Nervenkostüm, es kostet vor allem Zeit. Davon hätten Sie eigentlich mehr als genug. Sie arbeiten eh rund um die Uhr und Urlaub machen Sie jetzt gerade auch nicht, aber es geht nicht um Sie. Nach vier Wochen stehen Krankenkassenbeiträge, Lohnsteuer,

Miete, Lohn- und Gehaltszahlungen an. Da Sie aber nicht fertig geworden sind, konnten Sie noch nicht liefern. Auch das war ein schwieriges Gespräch, aber Ihr Kunde gab Ihnen zum Glück noch etwas Karenzzeit. Allerdings konnten Sie noch keine Rechnung schreiben und haben dementsprechend keinen Geldeingang. Selbst wenn Sie mit nur wenig Verzug geliefert hätten, wäre immer noch kein Geld eingegangen, weil Sie Ihren Kunden ein großzügiges Zahlungsziel eingeräumt haben. Das war damals Teil des Verhandlungsergebnisses. Also führen Sie wieder ein schwieriges Gespräch und bitten Ihren Kunden, früher zu zahlen. Ich bin jetzt gehässig und erzähle Ihnen, was er Ihnen sagen wird, obwohl er Sie so sympathisch findet und Ihren Ansatz und Ihr Engagement unterstützt, wo er nur kann: Sein SAP erlaubt keine frühere Freigabe. Jetzt stehen Sie da. Einmal ist so etwas nicht so schlimm, Sie verfügen ja noch über genug Kapital aus der letzten Beteiligungsrunde. Außerdem kann man die eine Investition zeitlich etwas verschieben und das mit den Zahlungszielen haben Sie jetzt auch gelernt. Aber Sie ahnen es bereits: Es zieht sich hin und klebt wie Harz an Ihren Händen. Zum Verrücktwerden. Dabei sind das alles nur Fragen des Engineerings, also nichts Fundamentales. Das muss doch zu lösen sein. Ist es auch, aber es braucht die Zeit, die es braucht. Ihre Mitarbeiter sind keine Faulpelze, aber hexen können sie auch nicht. Die Faktor-14-Regel kriecht so langsam um die Ecke, und das, obwohl Sie diese Regel kannten.

Dann endlich mal gute Neuigkeiten. Sie erhalten einen zweiten Auftrag. Damit hatten Sie gar nicht mehr gerechnet. Das war eine Überraschung und ebenfalls nicht geplant, denn Sie sind mitten in dem Marktabschnitt »Sprung über den Abgrund«. Hier geht es darum, den Fokus zu halten, aber Ihre Investoren freuen sich über diesen nächsten Auftrag. Die Anzahlung entspannt Ihre Liquidität. Die Anzahlungsbürgschaft bekommen Sie ohne Weiteres. Die Verhandlungen mit der Bank waren kein Problem, auch wenn Ihr Rating nicht so gut ist. Das ist der Vorteil von

starken Partnern an Ihrer Seite. Auch dieser Kunde verhält sich wie ein Vertreter der Gruppe der Pragmatiker. Er verabredet mit Ihnen einen realistischen Liefertermin und lässt Sie machen. Das bedeutet, er übernimmt keine Aufgabe in diesem Projekt. Er erwartet die hundertprozentige Lieferung Ihres Produktes in der verabredeten Zeit.
Sie müssen jetzt zwei Aufträge liefern. Nun gut, die Spezifikationen unterscheiden sich nur geringfügig. Im Kern ist es dasselbe Produkt, nur müssen ein paar Features jeweils spezifisch angepasst werden. Das sollte in der Designphase schnell vonstattengehen und der Rest wird dann bei der Inbetriebnahme vor Ort beim Kunden erledigt. Genauso hatten wir im Unternehmen damals einen ähnlichen Sachverhalt beurteilt und wir wussten um die 100 Prozent. Wir haben versucht, so viele Gemeinsamkeiten wie möglich zu entdecken oder passend zu machen, um eine möglichst große Schnittmenge zu erzeugen. Wir haben das sogar als Positivum empfunden, denn so konnten wir eine Art Plattform und Modulkonzeption entwerfen, wenn die nächsten Aufträge kommen. Eine Investition in die Zukunft, haben wir uns gesagt. Wir können dann künftig Fertigungskosten sparen. Eine Plattform zu entwerfen, hat auch unseren Ingenieuren sehr gefallen. Aber es hat auch wieder Zeit gekostet, weil jetzt jedes Design zusätzlich unter diesem Aspekt beleuchtet wurde. Unser Fokus lag plötzlich mehr auf der Plattform und dem Modulkonzept und der möglichst großen Schnittmenge. Eine Schnittmenge kann jedoch niemals 100 Prozent abdecken, dann wäre es keine Schnittmenge, sondern deckungsgleich. Der Liefertermin kam und wir mussten liefern, was wir auch taten.
Jetzt wird es kritisch. Liefern bedeutet nämlich nicht, dass Ihr Kunde Ihnen die Abnahme sofort erteilt. Jetzt müssen Sie vor Ort zeigen, dass Sie 100 Prozent geliefert haben. Der Teufel steckt wie immer im Detail. Nur einmal zum Kunden fahren und anschalten ist leider nicht sehr realistisch. Während der Inbetriebnahme geht dann dummerweise noch

ein kleines Bauteil kaputt, überhitzt, und damit kann die Inbetriebnahme nicht fortgesetzt werden. Alles steht. Erst muss dieses Teil beschafft werden. Es hat eine entsprechende Lieferzeit von beispielsweise drei Wochen. Also findet in drei Wochen ein weiteres Meeting beim Kunden vor Ort statt. Früher waren Geschäftsreisen immer recht interessant, jetzt kosten sie viel Zeit und Ihr Geld. Übrigens, falls es in drei Wochen nicht funktionieren sollte, teilt Ihnen Ihr Kunden höflich, aber bestimmt mit, dass er, so leid es ihm tut, gezwungen ist, Ihr Produkt zurückzugeben und das bisher bezahlte Geld zurückzufordern. Drohen will er Ihnen natürlich nicht. Er braucht nur eine verlässliche Lösung. Außerdem läge dieses Projekt bereits hinter dem verabredeten Zeitplan. Drei Wochen später bedeutet zudem, dass ein neuer Monat angebrochen ist. Langsam wird es eng. Um die Spannung zu halten, schreibe ich in der direkten Ansprache weiter. Das bedeutet natürlich nicht, dass es Ihnen genauso ergehen wird.

Ihr Produkt ist bei Ihrem Kunden angekommen und es läuft, aber es sind noch einige technische Probleme zu lösen. Es läuft zu 95 Prozent, nicht zu 100 Prozent, und der Kunde erinnert Sie an das, was er bei Ihrem letzten Besuch vor Ort gesagt hat: one shot only. Er braucht eine zuverlässige Lösung seines Problems. Bei Ihrem anderen Kunden zerrinnt Ihnen die Lieferzeit zwischen den Händen. Sie tanzen mittlerweile auf zwei Hochzeiten. Obwohl Sie wissen, dass Sie es beiden nicht zu 100 Prozent recht machen, bleibt Ihnen keine andere Wahl. Ihre Investoren gehen davon aus, dass bald die Folgeaufträge hereinkommen, und fragen nach, wie es vorangeht.

Das folgende Schaubild zeigt die Gefährlichkeit einer solchen Situation. Mit dieser Grafik zeigt Geoffrey Moore[17], was passiert, wenn man den Abgrund nicht erkennt, nicht auf der anderen Seite ankommt, abrutscht oder zurückgedrängt wird. Vergessen Sie nicht: Es gibt Wettbewerber, die von Ihrer Geschäftsidee nicht begeistert sind und entsprechend im Markt agieren.

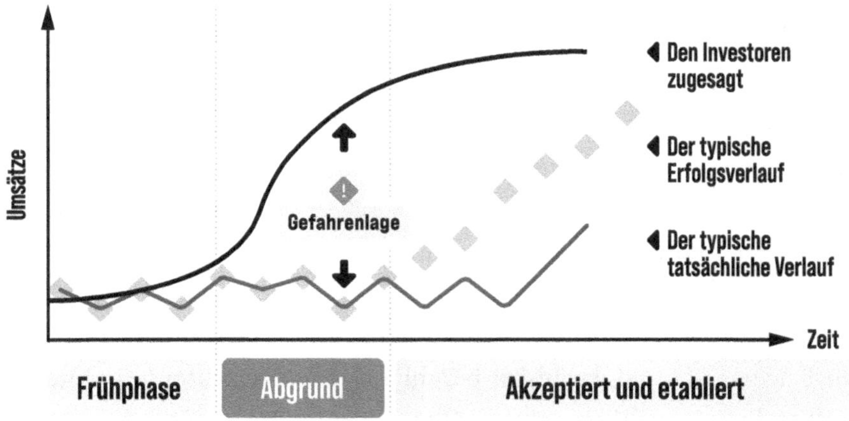

Abbildung 5.1: Gefahrenlage beim Sprung über den Abgrund

Diese Abbildung zeigt drei Zeitpfade der Umsatzentwicklung. Von oben nach unten kurz erklärt, entspricht der erste Zeitpfad dem Szenario aus dem Businessplan, worauf Sie und Ihre Investoren sich geeignet haben. So haben Sie die Welt und die Zukunft gesehen. Diese Aussage wird später noch relevant. Der zweite Zeitpfad, hier gepunktet eingezeichnet, ist ein idealtypischer Verlauf einer erfolgreichen Geschäftsentwicklung. Es braucht eine gewisse Zeit, bis das Produkt am Markt akzeptiert ist und sich dann positiv entwickelt. Letztlich entspricht dieser zeitliche Verlauf dem geplanten Verlauf, nur deutlich zeitversetzt, was an sich auch schon kritisch sein kann. Der dritte Zeitpfad ist leider der am häufigsten eintretende Fall. Es geht auf und ab, aber der Durchbruch, die allgemeine Akzeptanz am Markt, lässt auf sich warten. Das bedeutet nicht, dass so etwas niemals passieren wird, aber bisher ist es eben nicht eingetreten. Auch wenn allen Beteiligten die Situation in dieser Deutlichkeit nicht so bewusst ist, kann es jetzt sehr schnell gehen. Die Beteiligten sind natürlich Sie, Ihre Kunden, aber auch Ihre Investoren und Ihre Mitarbeiter. Alle verorten sich noch etwas weiter links auf der Zeitachse in dieser Grafik und ahnen nichts.

Während Sie gerade mit Ihrem zweiten Kunden verhandeln und die etwas verspätete Lieferung sowie den Einsatz beziehungsweise die Implementierung vor Ort im Detail klären, bekommen Sie ein Schreiben vom Anwalt Ihres ersten Kunden, der Sie auffordert, das bisher gezahlte Geld binnen einer bestimmten Frist zurückzuzahlen. Gleichzeitig informiert Sie Ihre Bank, sie habe eine Zahlungsaufforderung entsprechend der gestellten Anzahlungsbürgschaft erhalten, und fragt Sie, was Sie zu tun gedenken. Mit einer einstweiligen Verfügung könne man diese Auszahlung zunächst noch stoppen. Ein Gericht wird dann zu einem späteren Zeitpunkt über die Wirksamkeit des Anspruchs, diese Anzahlungsbürgschaft zu ziehen, entscheiden. Wenn Ihr Kunde recht bekommt, wird sofort ausgezahlt und Sie müssten dann der Bank die Summe anschließend erstatten, auch sofort, aber Ratenzahlungen seien durchaus möglich. Sie befinden sich wieder in einer Entscheidungssituation. Entscheiden, eine der unternehmerischen Fähigkeiten neben dem Führen schwieriger Gespräche, können Sie. Leider ist diese Entscheidungssituation nicht ganz so positiv besetzt wie die aus Kapitel 2. Dennoch wäre es klug, auch hier die nötige Distanz aufzubauen, die Dinge aus der Vogelperspektive zu betrachten und sich die Mühe zu machen, echte, das heißt gangbare Handlungsalternativen zu formulieren. Nun haben Sie zwei Optionen. Entweder Sie veranlassen eine einstweilige Verfügung oder Sie nehmen Kontakt zu Ihrem Kunden auf und führen ein weiteres schwieriges Gespräch. Sie können auch beides machen. Wie Sie wissen, bin ich kein Anwalt, aber Sie haben sicher gemerkt, dass ich all dies persönlich erlebt habe. In solchen Situationen habe ich die Erfahrung gemacht, dass das Einschlagen des juristischen Weges zwar kurzfristig, das heißt in den folgenden drei Monaten, zunächst persönlich weniger aufwendig ist und Ihre Liquidität schont. Man muss keine schwierigen Gespräche führen und nicht sofort zahlen. Das übernimmt alles der Anwalt. Langfristig jedoch ist dieser Weg von hoher Unsicherheit geprägt. Der Anwalt kann und will nicht garantieren, wie das Gericht entscheiden wird. Er zitiert den Spruch »Vor Gericht und auf hoher See ist man in Gottes Hand«. Ich denke bei mir: »Warum gibt es euch dann überhaupt? Dann kann ich auch würfeln«, halte aber meinen Mund. Zu dieser Unsicherheit und der drohenden Niederlage vor Gericht kommen noch die eigenen Anwaltskosten und, wenn es schlecht läuft, die der Gegenseite. Urteilt das Gericht aber zu Ihren Gunsten, behalten Sie das Geld und haben keine Kosten. Diese übernimmt jetzt Ihr Kunde oder die Bank, je nachdem. In jedem Fall haben Sie den Kunden verloren. Mein Rat lautet daher: Sprechen Sie mit Ihrem Kunden. Sie sind darin mittlerweile geübt. Meiner Erfahrung nach sollten Sie das so früh und unmittelbar wie möglich tun. Dann ist Ihre Chance, die Situation noch zu drehen, hoch. Das garantiere ich Ihnen. Nicht falsch verstehen, danach wird es nicht mehr wie davor. Ihr Deal sieht dann anders aus, aber Sie sind noch im Spiel. Nur das zählt.

Der Blick auf Ihre Liquiditätsplanung bestätigt die oben in der Abbildung dargestellte Gefahrenlage. Sie brauchen frisches Geld. So nennt man das in der Start-up-Szene. Dort klingt das immer so peppig. »Wir bereiten gerade unsere zweite Kapitalrunde vor.« Als ob so etwas ein Selbstgänger wäre. Also wieder Gespräche mit den Kapitalgebern. Diese zweite Runde beginnen Sie mit Ihren derzeitigen Kapitalgebern. Leider finden diese Gespräche nicht mehr in einer so offenen und konstruktiven, sondern eher in einer angespannten und ernsten Atmosphäre statt. Sie bauen Ihre Argumentation darauf auf, dass der Kapitalbedarf deutlich höher war und ist als die Summe, die von den Kapitalgebern und Investoren bereitgestellt wurde. Dies entspricht auch den bekannten und immer wieder betonten Tatsachen, stand es doch genau so in Ihrem Businessplan. Jedoch verfängt diese Argumentation nicht. Auch die vertraglich fixierten Darlehenszusagen werden jetzt nicht ausgezahlt, mit der Begründung, auch Sie hielten Ihren Businessplan nicht ein. Man konfrontiert Sie jetzt genau mit dem Sachverhalt, wie er oben in der Grafik abgebildet ist. Jetzt ist allen bewusst, in welcher Situation sich das Unternehmen befindet. So habe man sich dieses Engagement nicht vorgestellt. Jetzt ginge es um Schadensbegrenzung und man möchte seine Anteile verkaufen.

Damit nicht genug, auch in der Mitarbeiterschaft rumort es plötzlich. Natürlich haben alle mitbekommen, dass der eine Kunde unzufrieden ist und das Geschäft rückabwickeln wollte. Die angespannte Stimmung im Gesellschafterkreis ist ebenso wenig verborgen geblieben. Das Zutrauen schwindet bei dem einen oder anderen. »So führt man keine professionelle Firma!« – solche Statements hört man nun auf dem Flur. Das schmerzt. Professionell heißt, dass für eine vereinbarte Zahlung bestimmte Dinge erledigt werden. Das Gegenteil von Profis sind Amateure. Diese machen ihr Ding aus Liebhaberei und umsonst. Aber umsonst arbeiten Ihre Mitarbeiter nicht. Das wissen Sie sehr genau. Sie zahlen immer pünktlich, wie auch immer Sie das hinkriegen. Wäre doch schön, wenn Ihre Mitarbeiter auch pünktlich ihren Beitrag fertigstellen und abgeben würden. Dieser Abgabetermin war keine Ansage Ihrerseits, sondern wurde gemeinsam im Gespräch vereinbart. Dann hätten Sie auch keine Lieferterminschwierigkeiten gehabt. Weitere Szenen können Sie sich selbst vermutlich noch viel besser ausmalen. Es hilft sehr, sich klarzumachen, dass eine Partnerschaft kein in Stein gemeißelter und für immer und ewig fester Zustand, sondern ein fluider, dynamischer Prozess ist. Auch das sind keine echten Neuigkeiten. Sie wissen ja, alles eine Frage der Kultur.

Es gibt fünf typische Fallstricke, die Beziehungen und Partnerschaft eben zu Fall bringen können. Das sind zum einen unterschiedliche Erwartungshaltungen, die sich plötzlich sogar gegeneinander richten können. Denken Sie an die unterschiedlichen Kästchen im vorangegangenen Kapitel in Abbildung 4.1. Der eine sieht die Partner in dem einen Käst-

chen, der andere in einem anderen. Während der eine das Ganze als *amour fou* betrachtet, bereitet der andere bereits die Verlobung vor.
Zum Zweiten gibt es oft Unstimmigkeiten bezüglich der Zeithorizonte. Dieser Konflikt hat sich in unserem Fallbeispiel bei der zweiten Runde der Investorengespräche angedeutet. Eine der beiden Seiten wird langsam ungeduldig und fängt an, an dem gesamten Vorhaben zu zweifeln.
Zum Dritten können neben unterschiedlichen Erwartungen auch unterschiedliche Interessen zu einem Bruch führen. Sie wollen mit Ihrem Unternehmen etwas Besonders schaffen und aus der Masse hervorstechen, Ihre Mitarbeiter verlangen eine stabile Lebensgrundlage und fragen sich, ob das mit Ihnen noch funktionieren wird. Dieser Fall ist fast exemplarisch für die Start-up-Szene, die insbesondere von Menschen zwischen 20 und 40 und vielleicht noch etwas älter geprägt wird. Oft starten alle zusammen aus einer ähnlichen Lebenssituation, meistens aus dem Studium heraus oder kurz danach. Zusammen hat man dieses Unternehmen angepackt und aufgebaut, wobei einer von ihnen als Unternehmer die Verantwortung übernommen hat. Die anderen haben mit Verve mitgezogen und sich persönlich engagiert. Inzwischen ist etwas Zeit vergangen. Alle sind älter geworden und manche haben sogar eine Familie gegründet. Spätestens jetzt driften die Interessen auseinander, nicht selten sogar Freundschaften. Der eine, so wie Sie, kämpft für sein Unternehmen, der andere möchte jetzt einen Kredit aufnehmen, um eine Bleibe für seine Familie zu finanzieren, und stellt im Bankengespräch fest, dass das gemeinsame Unternehmen für eine Kreditzusage ein zu schlechtes Rating hat. Jetzt wäre es doch besser, bei einem etablierten, vielleicht sogar spießigen Unternehmen angestellt zu sein.
Der vierte Fallstrick sind unterschiedliche Bewertungen der Situation. Obwohl Sie und Ihre Kapitalgeber sich auf eine Sicht in Ihrem Businessplan geeinigt und klar formuliert haben, welchen nächsten Marktabschnitt Sie bearbeiten werden, und sogar anhand der Liste mit den neun

Kategorien explizit dargelegt haben, wo Sie und Ihr Unternehmen sich befinden, wird die derzeitige Lage gänzlich unterschiedlich bewertet. Sie sehen sich noch im Sprung befindlich, während sich Ihre Investoren aufgrund des zweiten Auftrages bereits in einem der etablierten Marktabschnitte wähnen.
Der fünfte Fallstrick ist fast die logische Folge der vorangegangenen Fälle. Das gegenseitige Vertrauen ist zerstört. Sie glauben einander nichts mehr. Diese fünf Fallstricke sind sehr fein gesponnen und somit kaum sichtbar, aber aus sehr widerstandsfähigem Material gefertigt, sie reißen nicht. Wo diese bei Ihnen genau liegen, kann ich Ihnen leider nicht verraten. Aber sie sind da und nicht nur einige wenige. Das kann ich Ihnen versichern. Auf einmal dreht sich Ihr »Wheel of relationship building« in die andere Richtung.
Plötzlich kommuniziert der eine Kapitalgeber nur über den Anwalt mit Ihnen und reagiert nicht mehr auf Ihre Anrufe. Die zweite Kapitalrunde kommt nicht zusammen. Einer Ihrer Führungsspieler checkt geistig aus, aber kündigt erst mal nicht. Sein Gehalt stimmt ja. Sie merken es nicht. Die technischen Schwierigkeiten bei Ihrem ersten Kunden sind noch nicht vollständig behoben. Die Rückgabe ist zwar erst einmal vom Tisch, aber das muss nicht so bleiben. Sie müssen persönlich noch mal ran. Ein unschönes Gefühl steigt in Ihnen auf. Zu allem Überfluss teilt Ihr Steuerberater Ihnen mit, dass er verpflichtet ist, Sie im Fall einer Überschuldung und drohenden Illiquidität auf Ihre Insolvenzantragspflicht hinzuweisen.

Weiterführende Literatur

- Peters, Tom (2018): *The Excellence Dividend*, New York.

Sein jüngstes Buch, das Erkenntnisse und Ideen seiner vorangegangenen Bücher aufnimmt. Sie brauchen nicht alle zu lesen. Dieses ist ein sehr guter und sehr motivierender Einstieg.

- Voss, Chris (2016): *Never split the difference*, London.

Eine hervorragende Einführung in die Verhandlungsmethoden des FBI und der Polizei. Sehr operativ und sofort anwendbar.

Anwendungskonzepte, aus Erfahrung gelernt:

- Brand yourself, ein wichtiges Tool aus dem Werkzeugkasten von Tom Peters. Denken Sie an die Formel:
  Sie = Ihre Story = Ihr Brand = Ihre Unternehmenskultur = Ihr Unternehmen = Ihr Erfolg.
- **Schwierige Gespräche führen**
  Diese Formulierung beschreibt es besser als »verhandeln«. Verhandeln wird zu oft mit Feilschen verwechselt. Im Englischen gibt es *negotiating* und im Kontrast dazu *bargaining*. Aber darum geht im Kern nicht, auch wenn es manchmal dazugehört.

6. ÜBERLEBEN LERNEN –

SO WIRD AUS DEM PRODUKT EIN GESCHÄFT

Man könnte fast aus dieser Story ein Drehbuch für einen Film schreiben: Nach dem Highlight in der Mitte des Films entstehen mehr und mehr Komplikationen, bis sich der Held mitten in der Krise befindet.
Sie haben sich voll reingehängt, alles gegeben, wussten immer, in welcher Marktphase Sie sich befanden, Ihr Businessplan war stimmig und realistisch, Sie haben gut und offen kommuniziert, sich nicht vor schwierigen Gesprächen gedrückt und dennoch, so scheint es, drehen Ihnen Ihre Kapitalgeber den Hahn ab. Einer wollte sogar aussteigen. Sie fragen sich: »Wieso? Was habe ich falsch gemacht? Was habe ich übersehen?«
Sind Sie dem sogenannten Survivor Bias, dem Überlebensirrtum, aufgesessen? Haben Sie die Wahrscheinlichkeit eines Erfolgs deutlich überschätzt wie so viele andere? Man sieht ja nur die Überlebenden, die erfolgreichen Start-ups und Unternehmen. Deren Gründer werden zu den Entrepreneur-Seminaren, die zurzeit wie Pilze aus dem Boden schießen, eingeladen und nicht die anderen. Das verzerrt das Bild und führt zu der irrigen Annahme, erfolgreiche Firmengründungen seien der Normalfall. Die Lebensdauer von Unternehmen ist kürzer, als man denkt. Junge Unternehmen überleben nicht sehr lange. Dies zu verbessern, ist eines der Kernanliegen dieses

Buches. Über 20 Prozent aller neu gegründeter Unternehmen schaffen es nicht über das erste Jahr hinaus. Anders formuliert: Eins von fünf neu gegründeten Unternehmen überlebt das erste Jahr nicht und muss geschlossen werden. Nach zwei Jahren beträgt diese Rate rund 30 Prozent, also ist jedes dritte Unternehmen betroffen. Nach drei Jahren sind es rund 40 Prozent und nach fünf Jahren rund 50 Prozent der Unternehmen. Nach einer Periode von rund fünf Jahren existiert die Hälfte der gegründeten Unternehmen nicht mehr. Das hat natürlich viele Ursachen. Viele davon kennen Sie bereits. Wir haben diese in Kapitel 3 und Kapitel 5 ausführlich besprochen. Noch ein kleiner Nachtrag: Vor allem die viel zu frühen Gründungen ergeben diese Zahlen. Leider fehlt eine genauere Analyse, die zwischen Geschäftsidee und formalem Unternehmen differenziert. Auch wenn das formale Unternehmen nicht mehr existiert, kann dieselbe Geschäftsidee von demselben Ideengeber in einem neuen Unternehmen münden. Dieser Fall ist nicht selten, wird aber in der Statistik nicht erfasst.

Die Statistik zeigt, dass Unternehmen in ihrer Gesamtheit bis zu ihrer Insolvenz durchschnittlich acht bis zehn Jahre alt werden.[18] Auch für börsennotierte Unternehmen gilt: Nur jedes siebte erreicht das 30. Lebensjahr und nur jedes 20. schafft es bis zum 50-jährigen Jubiläum, während ein Kondratjew-Zyklus 40 bis 60 Jahre andauert.[19] Als Grund nennt Unternehmensberater und Autor Claudio Feser die hohe Dynamik der Märkte gegenüber der geringen Dynamik in den Unternehmen. Seiner Erkenntnis nach schichten die Märkte jedes Jahr 20 bis 25 Prozent des Kapitals um auf der Suche nach einer attraktiven Rendite. In den Unternehmen macht diese Aktivität lediglich zwei bis sechs Prozent aus. Dies geschieht weltweit und branchenübergreifend. Die Folge: Die Lebensdauer von Unternehmen sinkt weltweit, nicht nur in Europa. Da sind sich die Ökonomen einig. Sie erklären es mit immer schnelleren Kapital- und Innovationszyklen sowie höherer Wettbewerbsintensität. Die weitere Folge: Der Überlebenskampf von Unternehmen und in Unternehmen, nicht nur den jüngeren, wird deutlich zunehmen.

Vielleicht kennen Sie die Hymne des 1. FC Liverpool: »You'll never walk alone«. So wie es Ihnen geht, ging, geht und wird es auch Ihren Kollegen, den anderen Experten, gehen, die den Mut haben, aus ihrer Expertise ein Geschäft zu formen. Mir ist bewusst, das ist ein schwacher Trost für Sie, nach allem, was Sie für Ihre Unternehmensidee gemacht haben. Damit meine ich nicht nur Ihre Zeit und Ihre Energie, sondern auch den finanziellen Einsatz. Auch Sie haben Kapital dazugegeben, sich dafür vielleicht sogar verschuldet oder die Familie angepumpt. Und wenn es mal eng wurde, haben Sie auf Gehalt verzichtet. Was denkt Ihr Umfeld, Ihre Familie, wenn sie Ihnen finanziell unter die Arme gegriffen haben? Aufgeben nach all diesen Mühen? Ökonomen nennen dieses Dilemma, in dem Sie sich zurzeit befinden, den Trugschluss der versunkenen Kosten. Versunkene Kosten sind der Aufwand für bestimmte Arbeiten, die nicht wieder zurückgewonnen werden können. Wenn Sie beispielsweise ein Haus gebaut hätten, auch wenn es zurzeit nur der Rohbau wäre, könnten Sie das Haus zu Ende bauen. Dafür müssten Sie in Ihrer Situation einen zusätzlichen Kredit aufnehmen, den Sie sogar bekämen, denn das Haus ist wieder verkaufbar und damit können Ihre Aufwendungen, Ihre Kosten gedeckt werden. Oder Sie könnten das Haus im Rohbauzustand verkaufen. Auch das funktioniert. Diese Aufwendungen, diese Kosten sind nicht versunken. Anders in Ihrem Fall. Bei einem Unternehmsaufbau sind Ihre Aufwendungen schwer oder gar nicht durch Verkauf von Leistungen zu decken. Welche Leistungen wären denn das? Ihre Technologie, Ihre Patente? Ihre Büroausstattung? Okay, das ginge. Ihre Mitarbeiter? Auch das ginge vielleicht, aber mit einem großen Fragezeichen. Sie wären dann ein anderes Unternehmen. Ihre Unternehmensidee ist dann passé. Solche Fälle sind nicht selten. Ich kann mich gut an die erste Internetwelle um das Jahr 2000 erinnern. Aus vielen digitalen Geschäftsideen wurden am Ende Agenturen für Websites. Aber Ihre Technologie ohne Sie, den Experten, ist nichts wert. Denn Sie haben noch kein vollständiges Produkt, geschweige denn ein funktionierendes Geschäft. Sie befinden sich noch in dem Marktabschnitt des Sprungs. Natürlich könnte man die Version durchspielen, dass der Investor alles übernähme, und Sie blieben als Angestellter dabei. Doch das funktioniert nicht, denn Investoren wollen nicht das gesamte Risiko übernehmen. Hätten sie das gewollt, hätten sie nachgeschossen und schnell die zweite Kapitalrunde abgeschlossen. Wenn Sie jetzt doch noch Mittel verschaffen könnten und sich mithilfe von *family and friends* mehr Luft verschafften, wird man Sie fragen, warum man gutes Geld schlechtem hinterherwerfen sollte. Ihr Steuerberater warnt Sie vor einem Klumpenrisiko, wenn Sie alles auf eine Karte setzen.

Der Unterschied ist jedoch: Sie glauben an Ihre Geschäftsidee. Sie sind schließlich ein Experte auf diesem Gebiet, Sie kennen sich aus. Das ist Ihr *Cycle of Competence*, wie Warren Buffett, der bekannte Investor, es bezeichnet. Oder haben Sie Ihr Wissen überschätzt? Gerade Gründer und Unternehmer müssen von Natur aus optimistisch sein und ein gewisses Maß an Zutrauen in die eigenen Fähigkeiten haben, selbst wenn diese sich noch entwickeln müssen. Die Schwelle zur Selbstüberschätzung ist nicht weit, insbesondere wenn man sich gut in einem Thema auskennt. Auch für dieses Phänomen gibt es eine Bezeichnung. Verhaltensökonomen nennen es die *Over Confidence Bias*. Man überschätzt seine eigenen Fähigkeiten in Aufgabenbereichen, die für einen einfach sind und in denen man sich gut auskennt, wie Sie als Experte. Eine Folge ist, dass man glaubt, bestimmte Vorgänge zu beeinflussen und zu steuern, die vielleicht doch nicht so beeinflussbar sind. An dieser Kontrollillusion könnte ich sogar mit schuld sein, denn ich habe Ihnen eine vermeintliche Sicherheit durch das Vorgehensmodell mit den verschiedenen Marktphasen suggeriert. Sie sahen in den Diskussionen mit Ihren Kunden Hinweise und Anzeichen, die dieses Vorgehen bestätigten. Sie suchten einen *Pragmatist in Pain* und haben denjenigen, den Sie als *Pragmatist* ins Auge gefasst haben, auch gleich mit diesem zweiten Attribut versehen. Gegenteilige Indizien haben Sie ausgeblendet oder als Ungenauigkeit abgetan. Deswegen blieb der erhoffte und geplante Übergang in den nächsten Marktabschnitt, auf die »Kegelbahn«, aus, es kam kein Folgeauftrag. Ich kann Sie dafür nicht tadeln. Diesen Denkfehler, den sogenannten Bestätigungsfehler oder *Confirmation Bias*, macht jeder von uns, und zwar immer wieder. Er besagt, dass wir auf unseren Vorstellungen und Meinungen beharren und uns von Fakten, die in eine andere Richtung weisen, nicht umstimmen lassen. Meistens ergänzen wir das Ganze noch mit einer stimmigen Geschichte, die wir uns selbst und anderen erzählen, um all die Ereignisse um uns herum auf die Reihe zu bringen. Solche Geschichten sind sehr verführerisch. Auch dafür gibt es Begriffe, die *Story Bias* und die *Conjunction Fallacy*. Und auch dazu habe ich Sie angestiftet. Beide sind per se nicht schlecht, aber man sollte wissen, dass eine solche Geschichte nicht zwingend wahr sein muss oder anhand objektiver Kriterien überprüfbar ist. Für diese Erkenntnis erhielt Daniel Kahneman den Nobelpreis in Ökonomie.[20]

Wie geht man mit solchen Denkfehlern und Illusionen um?
Nichts tun oder es sein lassen wäre, das Kind mit dem Bade auszuschütten. Die Anstrengungen weiter zu erhöhen und einen Gang höher zu schalten, führt zu einem weiteren Denkfehler, die Handlungsneigung oder *Action Bias*; also auch dann aktiv zu handeln, wenn das Handeln voraussichtlich nutzlos, möglicherweise sogar schädlich ist. Was denn nun?
Das, was jetzt kommt, ist sehr wichtig für Ihr Seelenleben, und auf diesem Niveau sind Sie jetzt. Verbuchen Sie dies weder als Niederlage noch als Scheitern für sich, noch sind Sie im Spiel. Bleiben wir in der Drehbuch-Logik. Was kommt dann? Der Held geht sprichwörtlich durch die Hölle. Szenen wie diese können Sie fast in jedem Hollywoodfilm finden. Zurück zu Ihnen beziehungsweise zu uns. Angesichts des hohen persön-

lichen Kapital- und Energieeinsatzes ist das Dilemma der versunkenen Kosten für Sie zwar eine Erkenntnis, die allerdings folgenlos bleibt. Ich hatte es bereits erwähnt: Aufgeben gibt es nicht, es sei denn … Sie haben den Glauben an Ihre Geschäftsidee verloren. Dabei geht es nicht um Sie persönlich und um Ihre unternehmerischen Fähigkeiten. Die einfache, aber fundamentale Frage ist, ob Ihre Geschäftsidee aus sich heraus tragfähig ist, unabhängig von Ihrem unternehmerischen Geschick. Stimmt die Physik Ihrer Geschäftsidee per se? Verstößt sie nicht gegen die Naturgesetze und kann somit gar nicht funktionieren, so als ob Ihr Geschäft auf der Technologie des Perpetuum mobile fußen würde? Wenn Sie diese beiden Fragen mit Ja beantworten, dann haben Sie Ihren Glauben nicht verloren. Dann kann es wirklich funktionieren. Aber Sie müssen ehrlich zu sich sein und Ihre Denkfehler entlarven. Das heißt nicht, dass Sie Ihr Vorgehensmodell in die Tonne treten müssen, aber eine gewisse innere Distanz, quasi aus der Vogelperspektive betrachtet, ist doch sehr geboten. Solange Sie an Ihre Geschäftsidee glauben, so lange werden auch diejenigen, die Ihnen nah sind und Ihnen wohlwollend gegenüberstehen, Sie unterstützen. *You'll never walk alone.*

Das wiederum strahlt auf potenzielle Investoren, Mitarbeiter und vor allem Kunden sowie Lieferanten ab. Gerade in einer solchen Phase können aus den Kreisen der beiden Letztgenannten rettende Hände kommen. Der Grund dafür, neben Ihrer Ausstrahlung, ist, dass beide, Kunden und/oder Lieferanten, genau wissen, was wann wo und wie geschieht. Beide haben ein Auge dafür, was jetzt im wahrsten Sinn des Wortes »notwendig« ist. Mit ihnen zu sprechen, ist das Gebot der Stunde. Im Film passiert genau das: Die Erfahrungen beim sprichwörtlichen Gang durch die Hölle, dem persönlichen Tiefpunkt, befähigen die Hauptfigur dazu, über sich hinauszuwachsen und etwas Entscheidendes über sich und ihr Leben zu lernen, gerade in Bezug auf das zentrale Thema dieses Films. Mit dieser Erkenntnis ergibt sich eine neue Chance, das Problem doch

noch zu lösen. Das zentrale Thema hieße in unserem Film: *Entrepreneurs are not born, they are made … by themselves.*
Jetzt ist Ihnen der Sinn dieser Aussage vollkommen klar, und nebenbei auch der Titel dieses Buches. Was jetzt kommt, nennt man beim Marathonlauf oder einer langen Skitour »die zweite Luft«. In der Literatur des Innovationsmanagements wird dieser Zustand manchmal auch als *Valley of Death* bezeichnet. Dieser Begriff ist sehr passend, aber bitte nicht mit dem *Chasm* verwechseln. Vielleicht hilft dieses Bild. Der *Chasm* entspricht den Gletscherspalten, das *Valley of Death* einem großen und langen Steilhang. Beides findet man in den Bergen, aber es ist nicht dasselbe. Ein Sturz in die Spalte oder ein Abrutschen am Steilhang sind jeweils extrem gefährlich. Die Überwindung von Spalten ist eher eine Frage des richtigen Vorgehens und des alpinistischen Könnens, der Seiltechnik et cetera. Hier ist Wissen, was man zu tun hat, gefragt, die Präzision in der Ausführung. Der lange und steile Anstieg hingegen ist vor allem eine Frage des Durchhaltens, der physischen Kondition und mentalen Stärke. So geht man mit dem Phänomen oder Problem »Faktor 14« um, wenn es sich gefühlt ewig hinzieht. Der englische Begriff *Mental Toughness* gefällt mir sogar besser. Darum geht es letztlich, egal in welcher Situation, ob vor oder in einem schwierigen Gespräch, bei Ihrem täglichen Auftreten im Unternehmen und Ihrer Kommunikation mit Mitarbeitern, beim Abarbeiten administrativer Notwendigkeiten und Formalismen, aber vor allem im Umgang mit Absagen und Rückschlägen. Die mentale Stärke, *Mental Toughness*, ist vermutlich der Grundstein Ihrer und aller unternehmerischen Fähigkeiten. Ohne diese ist das Gebäude aus Ihrer Expertise, Ihrem Geschäftssinn, Ihrem Geschick, schwierige Gespräche zu führen, Ihrem strategischen Denken, Ihrem Organisationsgeschick, Ihrer positiven Art, Ihrer Story, Ihres Brands, ganz zu schweigen von Ihren betriebswirtschaftlichen Grundkenntnissen nichts wert. Bei der ersten Erschütterung bricht die gesamte Fassade in sich zusammen.

Die wissenschaftliche Fundierung dieses Zusammenhangs lieferte Angela Duckworth, eine Psychologin an der Universität von Pennsylvania.[21] Sie konnte in vielen Studien nachweisen, dass *Grit*, Ausdauer, eher als ein hoher IQ zu hervorragenden Leistungen befähigt. Sie hat dazu den *Grit Scale* entwickelt, ein Messverfahren, das die Begeisterungsfähigkeit, die Hartnäckigkeit und das Durchhaltevermögen abbildet.
Bei diesem Thema ging es mir ähnlich wie bei den Verhandlungstechniken. Dazu gibt es ebenfalls eine Flut an Literatur und YouTube-Videos. »Nimm, was nützlich ist. Lass weg, was unnütz ist. Und füge das hinzu, was dein Eigenes ist.« Bruce Lee soll das gesagt haben, und das mache ich jetzt hier. In diesem Zusammenhang habe ich unter anderem Mark Aurels *Selbstbetrachtungen* gelesen, weil Helmut Schmidt ihn in einer Talkshow erwähnt hat, als er über seine Zeit als Soldat sprach. Die Stoa hat etwas für sich, in der Tat. Als besonders praktikabel hat sich für mich allerdings ein Werk von Mark Divine[22] herauskristallisiert. Sein Ansatz ist, wie man so schön sagt, straight forward. Da es in diesem Buch insbesondere um die Entwicklung unternehmerischer Fähigkeiten geht, das zentrale Thema, fasse ich diesen Denkansatz im Folgenden in eigenen Worten zusammen. Der Ausgangspunkt ist Ihnen bekannt. Divine stellt diesen sehr kompakt dar, wie Elitesoldaten eben sind. Er spricht von drei Kämpfen, in die wir in unserem Alltag hineingezogen werden und die immer gleichzeitig stattfinden. Den ersten Kampf tragen wir mit uns selbst aus. »Soll ich oder soll ich nicht? Was mache ich hier überhaupt?« Ihre innere Stimme meldet sich zu Wort. Manche sprechen von »Engelchen und Teufelchen«. Sie kennen das aus Kapitel 2. Der zweite Kampf ist der tatsächliche. Wir kämpfen nicht physisch miteinander, wie es Soldaten oder Boxer tun, aber Tag für Tag haben wir viele Auseinandersetzungen, schwierige Gespräche und nervige Pflichtaufgaben. All dies erfordert unsere volle Aufmerksamkeit und ist äußerst kräftezehrend. Dieser Kampf ist verglichen mit den beiden anderen der am wenigsten schwere. Als leicht bezeichne ich keinen davon.

Den dritten Kampf kennen Sie ebenfalls, aus Kapitel 5: Es ist alles eine Frage der Kultur. Wie Sie sich in dieser zweiten Kategorie von Auseinandersetzungen verhalten, hat einen immensen Einfluss auf Ihre Unternehmenskultur. Erinnern Sie sich an die Erfolgsformel? Sie fasst diese drei Kategorien von Auseinandersetzungen sehr schön und knapp zusammen. Die relevante Auseinandersetzung, der wichtigste dieser drei Kämpfe, ist der erste: die Auseinandersetzung mit sich selbst. Erst wenn Sie diesen Kampf gewonnen, also Ihren inneren Frieden gefunden haben, sind Sie in der Lage, die beiden anderen ebenfalls für sich zu entscheiden. Keine Angst, ich drifte nicht in die Esoterik ab, aber eventuell in den Taoismus. Das lässt sich nach fast 30 Jahren Tai-Chi-Praxis nicht vermeiden. Wie gewinnt man diese innere Auseinandersetzung? Mark und seine Ex-Kollegen haben vier beziehungsweise sechs Techniken, mit denen sie »in diese innere Schlacht« gehen: Beherrschung, Kontrolle der Emotionen und Nichtreagieren. Im Tai-Chi nennen wir das *wuwei*, nichts tun. Wobei nichts tun auch nicht nichts tun bedeutet. Es ist wie beim Kommunizieren, Sie erinnern sich hoffentlich. Nichts tun ist anstrengend, denn wir müssen gegen unsere Handlungsneigung, etwas unbedingt tun zu müssen, die *Action Bias*, ankämpfen. Die Versuchung ist groß. Das Gute daran ist, dass wir dadurch die Kontrolle über uns zurückgewinnen können. Wir können zwar nicht das kontrollieren, was um uns herum passiert, aber wir können unsere Interpretation dieser Ereignisse steuern. Wenn uns beispielsweise jemand beim Autofahren die Vorfahrt nimmt, können wir entscheiden, wie wir reagieren wollen. Wollen wir den anderen Autofahrer beschimpfen oder ohne weitere Regung weiterfahren, um an unser Ziel zu kommen? Diese Entscheidung liegt nur bei uns. Wie auch immer wir uns entscheiden, wir sollten es bewusst tun. »Jetzt schimpfe ich.« Nicht reizgesteuert, im Sinne von »Vorfahrt genommen = schimpfen«. Eine gute Methode, dieser Reizsteuerung zu entgehen, ist die 4-×-4-Atemübung, eine einfache Form der Meditation. Diese findet sich in fast jedem Beitrag zu diesem Thema. Sie zählen jeweils in Ruhe in Viererschritten: Eins bis vier einatmen, fünf bis acht halten, eins bis vier ausatmen, fünf bis acht halten. Das ist eine Runde. In dieser Art absolvieren Sie etwa fünf Runden oder mehr, je nach Ihrem Empfinden und Können. Unser Gehirn beeinflusst unseren Körper, und das gilt auch umgekehrt. Mit diesen einfachen Atemübungen schalten Sie Ihre Stresshormone ab und bereiten Ihren Körper auf die Entspannung vor. Wenn Sie sich also das nächste Mal erwischen, wie die Reizsteuerung und Handlungsneigung Sie vom Fahrersitz verdrängen und das Kommando übernehmen will oder Sie sich einfach nur gestresst fühlen, dann halten Sie inne, unterbrechen kurz Ihr Tun, soweit das geht, und machen einfach ein paar bewusste Atemzüge, bevor Sie Ihren Tag fortsetzen.

Siegen im Geist

Bestimmt haben Sie schon gehört von Skirennfahrern, die vor dem Rennen im Geiste die Rennstrecke abfahren und jedes Tor, jeden Buckel und jeden Schlag vor ihrem inneren Auge sehen oder visualisieren. Sie konditionieren sogar ihr Nervensystem auf ein positives Gefühl. Sie stellen sich vor, wie es sich anfühlt, in diesem Rennen zu siegen, nicht nur im Zielraum, sondern bereits auf der Strecke während der Fahrt. Hier ein paar Tipps für Sie, wenn Sie es nicht schon können. Die Tagträumer unter Ihnen sind jetzt klar im Vorteil.

Gute Visualisierungen sind wie gute Geschichten, lebendig und detailliert. Sie sprechen alle Sinne an. Stellen Sie sich die Einzelheiten vor. Machen Sie es so real wie möglich. Wiederholen Sie diese. Fahren Sie die Strecke, metaphorisch gesprochen, öfters ab. Lassen Sie die inneren Bilder immer wieder in Ihrem Kopf ablaufen. Machen Sie es automatisch. Benutzen Sie Ihre positive Vorstellungskraft. Stellen Sie sich nicht vor, dass Sie scheitern. Stellen Sie sich stattdessen immer wieder einen mühelosen Erfolg vor. Stellen Sie sich auch die Konsequenzen vor, wenn Ihre Kraft nachlassen sollte. Stellen Sie sich die Gesichter Ihrer Freunde und Familie vor, wenn sie eine solche Nachricht hören. Das wollen Sie nicht, also wieder positive Vorstellungskraft. Wenn Ihnen das nächste Mal ein großes stressiges Ereignis bevorsteht, nutzen Sie Visualisierungen. Stellen Sie sich vor, wie Sie Erfolg haben.

Kleine Teilziele werden zu kleinen Siegen

Kein Managementbuch ohne mindestens eine Managerplattitüde. Hier ist sie. Frage: Wie isst man einen Elefanten? Antwort: Bissen für Bissen. So blöd der Witz auch ist, die Idee dahinter ist hervorragend. Tom Peters würde sagen: exzellent. Bevor wir angesichts einer gewaltigen Aufgabe sofort aufgeben, besteht der Trick darin, das große Vorhaben in operative, kleine Teilziele aufzugliedern. Gutes Projektmanagement lässt grüßen. Jeder, der mal in den Bergen etwas länger gewandert ist, kennt das. Man sucht sich das nächste Etappenziel, die vor einem liegende Kuppe, die großen Felsen dahinten oder die Weggabelung da vorn, und steuert darauf zu. Damit verhindert man, dass sich die Gedanken, die innere Stimme, das Teufelchen auf das gesamte Vorhaben richten und Sie eventuell entmutigen. Zerlegen Sie jede beängstigende Aufgabe in erreichbare, mundgerechte Ziele. Im Idealfall sollten sie in ein 24-Stunden-Fenster passen. Konzentrieren Sie sich nur auf die Erledigung einer Aufgabe nach der anderen. Alles der Reihe nach. Dann kommen Sie wie von selbst am Gipfel an. Ähnlich können Sie auch vorgehen, wenn Sie eine neue Fähigkeit erwerben. Es muss ja nicht gleich ein komplettes MBA-Studium oder die Virtuosität eines Top-FBI-Unterhändlers in der internationalen Verhandlungsführung sein. Suchen Sie sich auch hier kleine

Teilziele. Chris Voss, dessen Buch ich im vierten Kapitel empfohlen habe, hat dies sehr anwendungsfreundlich aufbereitet.
Diese Technik kann auch in einem anderen Kontext angewendet werden. Das Erreichen solcher Teilziele wirkt wie kleiner Sieg. Ein solches, wirklich kleines Teilziel kann auch der leckere Kaffee sein, den Sie sich auf dem Weg zu einem schwierigen Gespräch genehmigen. Freuen Sie sich an dem Geruch, dem Muster auf der aufgeschäumten Milch, dem Geschmack des ersten Schlucks und dem Lächeln des Baristas. Das kann selbst das Wetter sein, sogar wenn es regnet. Dann greifen Sie zu Technik Nummer eins: entscheiden, nicht reizgesteuert zu lamentieren, und sich über die eigene Selbstbeherrschung freuen. Kleine Siege halten die Moral und die Laune oben. Und hohe Moral führt zu noch mehr hoher Moral. Es entsteht ein positiver Kreislauf, der Sie weitermarschieren lässt. Ich kann es nur empfehlen. Es ist wichtiger, als Sie vielleicht denken.

Finden Sie Ihre Antwort auf die Frage nach dem großen Warum

Warum machen Sie das alles? Psychologen können etliche Studien vorweisen, in denen deutlich wird, dass Menschen seelisch verkümmern, sobald sie das Gefühl haben, nicht mehr gebraucht zu werden. Erstaunlicherweise sind es gerade Notsituationen, in denen die Menschlichkeit aufblüht. Plötzlich werden wir gebraucht, unser Beitrag wird wertgeschätzt. Damit sind wir wieder bei der Kultur angelangt. Wir Menschen sind eben soziale Wesen und sehnen uns nach einem Sinn in einer Welt, die manchmal sinnlos erscheint. Daher auch unser Durst nach Geschichten, mit all seinen Trugschlüssen. Finden und pflegen Sie Freundschaften sowie Prinzipien, nach denen Sie leben wollen. Beides sind die Zutaten für Ihre mentale Stärke. Investieren Sie immer wieder mal etwas Zeit und fragen Sie sich, was Ihrem Leben Bedeutung verleiht.

Diese Bedeutung nämlich ist es, die uns, wenn es wieder hart wird, nicht an das Aufgeben denken lässt, sondern uns nach vorne katapultiert. Haben Sie sich damals nur wegen der positiven Geschäftsaussichten und eines vermeintlichen persönlichen Reichtums für das Unternehmertum entschieden oder wollten Sie als Experte dafür sorgen, dass Ihr Wissen nachhaltig, also auf freiwilliger Basis, von den Menschen positiv genutzt wird? Üben Sie diese vier Fähigkeiten täglich, und Sie werden die mentale Stärke eines Elitekämpfers oder Unternehmers entwickeln.

Das alles bedeutet noch lange nicht, dass Sie aus dem Schneider sind. Sie brauchen Aufträge. Ihr Produkt ist noch nicht vollständig. Also ran und wieder alles von vorn: Neue »Landezone« identifizieren. Darauf achten, dass der Pragmatiker einen zwingenden Kaufgrund hat. Stichwort *Gletscherspalte*. Seien Sie präzise bei Ihrem Vorgehen, um nicht wieder Opfer der *Confirmation Bias* werden. Einen weiteren Anlauf nehmen, alles geben, sonst springen Sie zu kurz. Wieder 100 Prozent liefern, wobei Sie jetzt genau und in allen Facetten wissen, was es bedeutet, die letzten 20 Prozent zu liefern. Planen Sie entsprechend Ihren Ressourceneinsatz und schauen Sie sich die daraus resultierende Kostenstruktur an. Insbesondere der Fixkostenblock sollte Ihre Aufmerksamkeit bekommen. Fixkosten sind die Kosten, die auch ohne Auftrag oder sonstige Tätigkeiten anfallen. Das sind zum Beispiel die Miete, die Versicherungen, die Wartung der IT und des Maschinenparks, in gewisser Weise der Erhalt Ihrer Unternehmensinfrastruktur, aber auch der fixe Personalstamm. Variable Kosten sind Kosten, die anfallen, wenn Sie Ihre Arbeit aufnehmen und Aufträge akquirieren, bearbeiten und ausliefern sowie später beservicen. Solche Kosten sind der Materialverbrauch, zusätzliche Energie, wenn Sie die Rechner und Maschinen anwerfen, aber auch freie Mitarbeiter oder Überlassungsmitarbeiter oder Berater. Kurzfristig fixe Kosten sind langfristig übrigens auch variabel. Mit »kurzfristig« meinen Ökonomen unter einem Jahr, »langfristig« ist dann über ein Jahr. Auch hier kann man natürlich vortrefflich diskutieren, wann was wie zu bezeichnen ist. Das überlassen wir aber den Gelehrten. Für Sie ist wichtig zu wissen, dass der Fixkostenblock gestaltbar ist, aber keiner Ihrer Mitarbeiter das von sich aus einfordern wird. Darauf müssen Sie selbst kommen.

Präzision im Vorgehen ist jetzt entscheidend. Ich habe es gerade oben angesprochen. Deswegen ist es wichtig zu wissen, wo Sie sind. Ich will das Bild des Berges nicht überstrapazieren, aber Abgrund und *Valley of Death* werden permanent verwechselt, mit fatalen Folgen. Nehmen Sie sich noch mal die Liste mit den neun Kategorien aus Kapitel 3 vor. Bitte seien Sie genau bei der Beantwortung dieser neun Fragen und entlarven Sie mögliche Denkfehler. Auch wenn es nervt, ein Advocatus Diaboli aus dem Kreise Ihrer Partner kann jetzt sehr hilfreich sein. Allerdings soll er nicht nur den »schwarzen Hut«[23] tragen und all Ihre konstruktiven Überlegungen zerschießen. Das ist zwar leicht, aber nicht hilfreich.

Wenn Sie an Ihre Geschäftsidee glauben, mit diesem präzisen Vorgehen, Ihrem mentalen Rüstzeug und Ihrer guten Kommunikation und Ihrer Initiative im Zusammenspiel mit Ihren zuverlässigen und kompetenten Partnern, bin ich sicher, dass Sie es schaffen werden, auf der anderen Seite des Abgrunds anzukommen. Wenn nicht Sie, wer dann?

Weiterführende Literatur

- Kahneman, Daniel (2012): *Schnelles Denken, langsames Denken*, München.

Der Klassiker zu diesem Thema. Es ist allerdings keine leichte Kost. Eine gute Alternative sind die nächsten Empfehlungen.

- Dobelli, Rolf (2011): *Die Kunst des klaren Denkens*, München.
- Duckworth, Angela Lee (2017): *GRIT – Die neue Formel zum Erfolg: Mit Begeisterung und Ausdauer ans Ziel*, Gütersloh.
- Divine, Mark (2015): *Unbeatable mind*, Independent Publishing.
- Devine, Mark (2021): *Bezwinge den Wolf in dir. Sieben Führungsprinzipien, mit denen man Eliteteams schmiedet*, München.

Dieses Buch bietet tiefere Einblicke und ist sehr gut zu lesen.

- de Bono, Edward (1999): *Six Thinking Hats*, New York.

Auch ein Klassiker, der hilft, Denkfehler zu vermeiden. Ich stelle diesen Ansatz in diesem Buch nicht vor. Lesen Sie es, es ist nicht besonders lang und die Idee ist ziemlich eingängig.

Anwendungskonzepte, aus Erfahrung gelernt:

Mentaltechniken, siehe Mark Divine aus der Literaturempfehlung

7. PERSÖNLICHE GRENZEN ERKENNEN

Ein ganz neues Gefühl ist das – Sie haben 100 Prozent geliefert. Sie haben ein vollständiges Produkt aus Ihrer Technologie herausgeschält. Dieses Wort trifft es wohl am besten. Das bekommen nur wenige hin und das ist genauso wichtig, Sie sind noch im Spiel. Gratulation!

Wenn Sie jetzt anfangen zu rechnen und fragen, wieso nur wenige, dann überlegen Sie: Wie lange sind Sie schon dabei? Nicht sechs Monate, eher drei Jahre oder sogar mehr. Es dauert eben. Faktor 14! Das wissen Sie jetzt. Aber Sie sind drüben angekommen.

Jetzt wäre mal Zeit für einen richtigen Urlaub, für eine Auszeit, aber mehr als zwei Wochen sind wohl nicht drin. Denn jetzt beginnt so etwas wie ein Unternehmensalltag. Nicht, dass Sie einen solchen nicht auch schon davor hatten, aber jetzt hat sich doch etwas geändert, und zwar wegen Ihres Erfolges. Sie sind tatsächlich in einem anderen Marktabschnitt angekommen, der »Kegelbahn«. Auch wenn es nervt, es ist nun wichtig, wieder ehrlich zu sich zu sein. Sie haben zwar ein vollständiges Produkt, aber noch haben Sie kein Geschäft.

Mit dem Sprung über den Abgrund haben Sie gezeigt, dass Sie zumindest für eine Marktnische ein vollständiges Produkt mit seiner spezifischen Anwendung Ihrer Technologie vorweisen können. In diesem neuen Marktabschnitt ist der Fokus ein anderer. Sie müssen zeigen, dass Ihr Angebot verallgemeinert werden kann, also in anderen, ähnlich gelagerten Marktnischen seine Anwendung und Nachfrage findet. Ihr Fokus liegt jetzt auf dem Übergang zu einem »allgemeinen vollständigen Produkt«. Moore hat das Bild der Kegelbahn entworfen, um so einen wirkungsvollen Ansatz des Nischenmarketings zu demonstrieren. Was das konkret bedeutet, haben wir in Kapitel 3 besprochen.

Jenseits des Abgrunds treffen Sie Unternehmensgründer mit einer ganz anderen Historie und völlig anderen Erfahrungen. Diese Art von Unternehmer hat gleich gegründet. Deren Geschäftsidee ist vollkommen anders als die Ihre. Sie sind gleich mit einem allgemeinen vollständigen Produkt gestartet, das im Mainstream-Markt bekannt und etabliert ist. Eine solche Unternehmensidee hat mir damals ein versierter Unternehmer erklärt. Er meinte, man müsse nicht zwingend eine gänzlich neue Idee verfolgen, um als Unternehmer erfolgreich zu sein. Die Geschäftsidee bestehe darin, ein bestimmtes Produkt oder einen bestimmten Markt genaustens zu analysieren und zu verstehen und dann das infrage kommende Produkt für eine konkrete Zielgruppe »schmackhafter« als die derzeitige Konkurrenz anzubieten, zum Beispiel durch eine bessere Zielgruppenansprache oder durch ein besseres Preis-Leistungs-Verhältnis. Wenn Sie sich umschauen, werden Sie Hunderte solcher Beispiele in Ihrer Umgebung finden, bei A wie Arzt, Anwalt und Architekt angefangen über B wie Bäckereien, F wie Fluglinie und Friseur und H wie Hotels bis M wie Metallverarbeitung und W wie Wartungsservice zu Z wie Zooartikel. Das Branchenbuch ist voll davon. Obwohl ich Ökonomie studiert habe, war mir damals nicht bewusst, dass es verschiedene ökonomische Unternehmerfunktionen gibt. Wie die Ökonomie funktioniert, was eine Optimierung ist, wie Preis- und Wertdifferenzen mit welcher Konsequenz genutzt werden und wohin das führt, was Innovationen und Investitionen sind et cetera, war mir natürlich sonnenklar. Das hatte ich ja gerade erst gelernt, aber die Verbindung zum Unternehmertum habe ich nicht gesehen. Eigentlich hatte ich nicht wirklich ein Bild von dem, was Unternehmertum ausmacht. Das wurde im Studium nicht vermittelt. Heute ist das glücklicherweise anders.

All diese Unternehmen verdienen nach kurzer Zeit bereits gutes Geld, denn sie verfügen über ein allgemein bekanntes Produkt. So weit sind wir aber noch nicht. Wir müssen weitere Marktnischen erobern und besetzen. Erst wenn uns der Tornado erfasst und in die nächste Marktphase spült, ist unser Produkt allgemein bekannt. Denken Sie zum Beispiel an die mRNA-Technologie und die mittlerweile allgemein verständlichen Produkte, die wir gerade zum dritten Mal verabreicht bekommen. Da konnte man einen solchen Tornado beobachten.
Genauso wie Sie Ihr Vorgehen oder, hochtrabender ausgedrückt, Ihre Strategie immer wieder der neuen Situation anpassen, müssen Sie sich und Ihre Arbeitsweise im Unternehmen anpassen. Diese Veränderung beeinflusst wiederum Ihre Unternehmenskultur und Ihren Unternehmenserfolg.
Im letzten Marktabschnitt mussten Sie das eine Projekt im Fokus halten sowie sich und Ihre Kooperationspartner entsprechend orchestrieren. Jetzt wollen Sie Nische für Nische erobern, möglichst viele Kegel umwerfen. Dafür müssen Sie Ihre Organisation entsprechend umstellen. Zwar ist das Bedienen der jeweiligen Kunden mit ihren spezifischen Anforderungen noch wie ein einzelnes Projekt zu managen, aber es kristallisieren sich immer deutlicher Standardvorgehen heraus. Wie wird das Angebot verfasst, die Auftragsbestätigung, das Einsteuern des Auftrages in Ihre Organisation und die Ihrer Kooperationspartner sowie das Ausliefern und das Inbetriebnehmen? Auch die Abläufe im Service und in der Ersatzteillogistik, wenn Sie so etwas Schönes haben, folgen einer gewissen Regelmäßigkeit. Die einsetzende Standardisierung wird in diesem Marktabschnitt besonders deutlich im Vertrieb. Jetzt könnte es sinnvoll sein, einen dezidierten Vertriebsmitarbeiter aus Ihrem Mitarbeiterstamm zu benennen oder zu rekrutieren. Der- oder diejenige hat viel zu tun, gerade in Bezug auf die sogenannte *Lead Generation*, das Wecken von Kaufinteresse bei ähnlich gelagerten Anwendungen in anderen Marktnischen. Sie sind derjenige aber nicht! Auch wenn Sie sich dieses ohne Wei-

teres zutrauen und Ihre Technologie und deren Anwendung beim Kunden besser als alle anderen kennen. Ihre Aufgaben sind andere.
Hier droht Ihnen übrigens eine ähnliche Gefahr wie im letzten Kapitel. Der Gefahrenherd befindet sich in Ihnen selbst. Was ich Ihnen jetzt erzähle, kennen Sie wahrscheinlich, wie so viele, die ungeduldige Eltern haben. Als Führungskraft rutscht man gerne in die Rolle der Eltern, während die Rolle der Kinder von Ihren Mitarbeitern übernommen wird. Gerade wenn die Kinder noch jünger und kleiner sind, können die Eltern in der Regel alles besser und zudem noch vieles mehr; nicht nur den Fahrradreifen aufpumpen oder den Tisch abräumen, Eltern können auch Auto fahren, Urlaub buchen oder mehrere Fremdsprachen und natürlich ihrem Beruf nachgehen und ein Einkommen verdienen. Auch wenn die Eltern alles besser können, ist es für die gesamte Familie sinnvoll, dass die Kinder bestimmte Tätigkeiten übernehmen und nicht, wie es so oft bei ungeduldigen Eltern vorkommt, die Eltern alles selbst machen. In der Ökonomie nennt man dieses Phänomen den komparativen Kostenvorteil. Jetzt kommt noch ein zweiter Begriff, einer der wichtigsten in der Ökonomie: die Opportunitätskosten. Das kennen Sie aus Kapitel 2. Dieser Begriff beschreibt die Kosten als Verzicht auf eine mögliche Handlungsalternative im Gegensatz zu den sogenannten pagatorischen Kosten, wenn Sie bezahlen. *Pagare,* zahlen, bezahlen. Die Kinder besitzen nämlich einen solchen komparativen Kostenvorteil bei bestimmten Tätigkeiten, wie zum Beispiel den Tisch abzuräumen oder den Fahrradreifen aufzupumpen. Was wären deren Opportunitätskosten? Spielen, rumflitzen oder auf elektronische Geräte schauen. Was wären die Opportunitätskosten der Eltern? Sie könnten in der Zeit einen wichtigen Anruf tätigen und einen Auftrag akquirieren oder die Geschwister mit dem Auto abholen oder einfach mal durchatmen. Jetzt sehen Sie, wie Ökonomen denken. Der Preis des Tischabräumens ist für die Eltern wesentlich höher als der für die Kinder. Diese Art der Arbeitsteilung bedeutet für die kleine Volkswirtschaft dieser Familie, dass die anstehenden Aufgaben schneller

erledigt werden und alle mehr Zeit zusammen für gemeinsamen Spaß haben. Die Erklärung dieses ökonomischen Phänomens stammt aus dem Jahr 1821 von David Ricardo, einem erfolgreichen Investor seiner Zeit.[24] Er erklärte damit die internationale Arbeitsteilung und den Sinn des Außenhandels.
Die Analogie zu Ihrem Unternehmen ist klar. Auch wenn Sie persönlich alles besser können, durch die Hölle gegangen sind und noch leben, ist es sinnvoll, die Mitarbeiter mit Ihren jeweiligen komparativen Kostenvorteilen zu nutzen. Damit sind wir bei den Führungsstilen angekommen und wieder bei Ihnen und unserem zentralen Thema: *Entrepreneurs are not born, they are made by themselves.*
So, wie sich Ihr Vorgehen und das Managementsystem in jedem Marktabschnitt ändert, ändert sich wie gesagt auch die Führungsarbeit und damit die Unternehmenskultur. Als Managementsystem verwenden Sie noch immer das Projektmanagement, den »kleinen Bruder des Generalmanagements«; Sie erinnern sich. Aber Sie beginnen nun, die einzelnen Projekte nach einem bestimmten Standard aufzusetzen. Entsprechend ändert sich die Organisation auf Ihren Laufwerken, Ihrer Ablage und bei Ihrer Archivierung. Diese Standards müssen durchgesetzt werden. Abweichungen oder sogenannte *Work arounds* können Sie nicht mehr dulden. Auch das Speichern wichtiger Informationen auf Einzelrechnern und nicht auf dem Laufwerk können Sie nicht mehr durchwinken oder gar ignorieren. Sie müssen dies ansprechen und Konsequenzen folgen lassen. Weitere schwierige Gespräche. Das kann bis hin zu einer Abmahnung führen. Führen ist harte Arbeit, und das ist Ihr Job.
Doch eigentlich brauchen Sie Ihre Kraft und Ihre Zeit für den fokussierten Vertrieb. Also verschieben Sie die Durchsetzung der Standards? Dann geraten Sie wieder in organisatorische Probleme. Die Kosten explodieren und die Liefertermine können nicht eingehalten werden. Noch wäre es zu früh für einen Schwenk zu einem Managementsystem, das sich an den Geschäftsabläufen orientiert. Sie haben noch nicht das Auftragsvolumen, um solche Abläufe zu

standardisieren. In der Logik von Moore käme dies erst mit dem Marktabschnitt »Tornado«. Spätestens im Marktabschnitt »Einkaufsstraße in der Fußgängerzone« sollten Sie ein solches Managementsystem auf Hochglanz poliert vorzeigen können und tatsächlich auch leben. Denn in der Phase geht es um fokussiertes Kostenmanagement. Sie müssen sogenannte Skaleneffekte, *Economies of Scale*, so der ökonomische Fachbegriff, erzielen, also Ihre Durchschnittskosten pro Stück unter die des Wettbewerbs senken. Solche Managementsysteme kennt man aus der Automobilindustrie. Dort wurde auch das sogenannte Qualitätsmanagement gestartet. Die ISO 9001 ist das meistgenutzte Managementsystem, aber es gibt auch andere. Wie gesagt, wichtig ist, dass dieses Managementsystem, welches auch immer Sie dann verwenden, tatsächlich verwendet wird. Das bedeutet für Sie, sehr aktiv zu führen.

Es gibt verschiedene Führungsstile. Einige kennen Sie wahrscheinlich. Sie werden feststellen, dass sich Ihr Führungsstil mit und in den Marktphasen verändert und verändern muss. Wie Sie sicherlich gemerkt haben, lassen sich die Marktabschnitte des Technlogie-Akzeptanz-Zyklus gut in die Phasen des Produkt- oder Unternehmenszyklus integrieren. Die folgende Abbildung zeigt die beiden Zyklen zusammen und übereinandergelegt.

Der Produkt- oder Unternehmenszyklus befindet sich im Hintergrund. Die fünf Phasen sind durch gestrichelte Linien voneinander getrennt. Der Technologie-Akzeptanz-Zyklus liegt davor. Ihr Augenmerk sollte sich auf die Übergänge richten. Mit dem Sprung über den Abgrund verlässt man die Start-up-Phase und das Wachstum könnte beginnen. Doch dass Wachstum kein Selbstgänger ist, wissen Sie inzwischen nur zu gut. Der Produkt- oder Unternehmenslebenszyklus folgt keinem Naturgesetz. Er ist für unsere Zwecke nicht geeignet, denn er ist zu ungenau und suggeriert eine Eigendynamik, die es nicht gibt. Das wäre so, als ob Sie sich auf eine Bergtour mit einer Karte ohne Höhenlinien und Höhenmesser begeben. So können Sie weder die Spalten noch die Steilhänge vorab ausfindig machen. Erstaunlicherweise findet man dieses Konzept dennoch immer wieder in Entrepreneurship-Programmen.

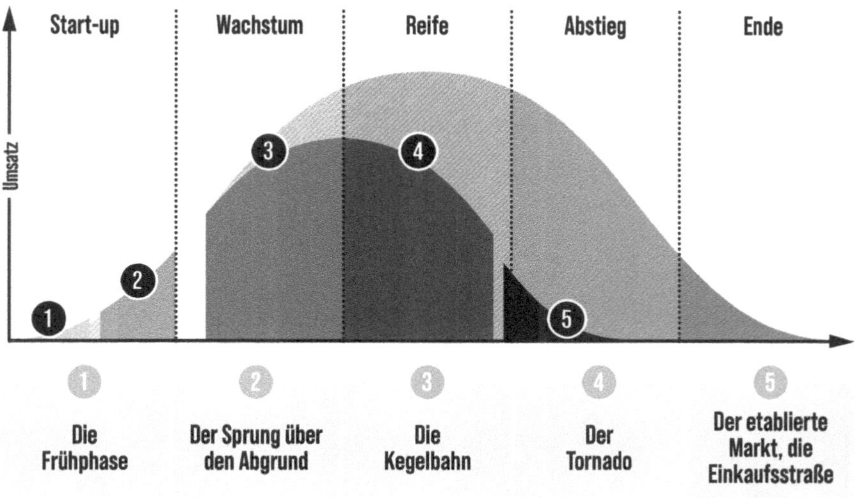

Abbildung 7.1: Technologie-Akzeptanz-Zyklus und Produkt- oder Unternehmenszyklus

Sie erinnern sich hoffentlich noch an die vier Dimensionen des Unternehmertums. Die ökonomische Funktion hatte ich gerade wieder erwähnt. Wir nutzen jetzt dieses vierdimensionale Konzept und richten den Fokus insbesondere auf das Verhalten, die vierte Dimension, genauer gesagt auf das Führungsverhalten. Dabei werde ich die jeweilige Rolle der Führungskraft und deren Eigenschaften oder besser Führungsqualitäten beschreiben. Dass das Führungsverhalten den Anforderungen der jeweiligen Marktphase entsprechen sollte, liegt auf der Hand. Lawrence M. Miller hat diesen Zusammenhang sehr bildhaft dargestellt.[25] Er überträgt die Typologie aus der Zivilisationsgeschichte auf die Unternehmenswelt. Auch wenn diese Darstellung schon etwas älter ist, finde ich sie in ihrer pointierten Zuspitzung sehr gelungen. Ich stelle sie Ihnen nun skizzenhaft vor, wobei ich teilweise auch seine Formulierungen übernehme. Sein Buch ist wirklich sehr lesenswert.

Miller hat den Phasen des Produkt- oder Unternehmenszyklus sechs verschiedene Führungsstile zugeordnet. Ich habe diese zur besseren Übersicht in die folgende Abbildung eingetragen. Seine Beschriftung der y-Achse ist umfassender als nur »Umsatz«. Er spricht von Wohlstand, *Wealth*. Die Wachstumsphase ist für ihn Wohlstandsaufbau, *Wealth Creation*, und die Abstiegsphase *Wealth Destruction*.

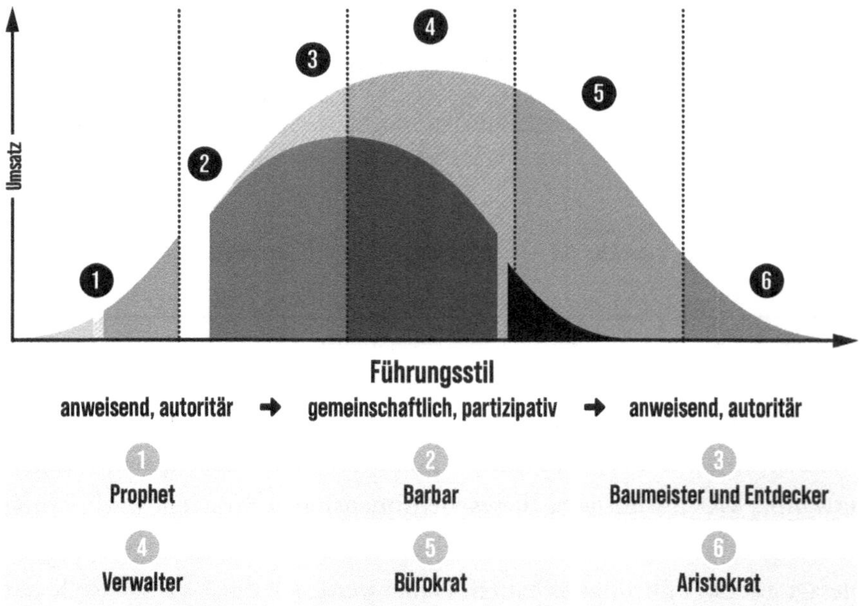

Abbildung 7.2: Führungsstile in den verschiedenen Marktphasen

Ich habe die einzelnen Führungsstile den verschiedenen Marktphasen, insbesondere aus dem Technologie-Akzeptanz-Zyklus, zugeordnet: der Prophet in der Frühphase, der Barbar beim Sprung, der Baumeister und der Entdecker bei der Kegelbahn und dem Tornado, aber auch der Verwalter beim Tornado und in der Einkaufsstraße in der Fußgängerzone, der Bürokrat bei den Nachzüglern, den »Laggards«, wie sie Moore nennt, und der Aristokrat im letzten Abschnitt des Produktlebenszyklus.

Das Zeitalter des Propheten

Am Anfang war das Wort, der schöpferische Akt, der Geist der Erneuerung. Kreative Menschen, einschließlich religiöser Propheten, scheinen einem Verhaltensmuster von Zurückziehen und Wiederkehren zu folgen. Sie gehen in die Berge, in die Wüste oder in das Labor. Sie entziehen sich den Ablenkungen der gegenwärtigen Gesellschaftsordnung und suchen nach einer besseren Vision für die Zukunft. Ihre Fähigkeit, andere zu begeistern, zeigt sich erst bei ihrer Rückkehr, wenn sie absichtlich Unruhe stiften. Eine neue Bewegung beginnt und ihre Anhänger kann man kaum als eine Organisation bezeichnen, sondern eher eine Gruppe von Jüngern nennen. Es geht um kreative Zerstörung, wie Schumpeter es auch bezeichnet, nicht um Ordnung. Das ist das Wesen kreativer Persönlichkeiten. Die Vision dieser Propheten ist wie eine Explosion, ein Energiestoß, der das Alte durchwirbelt und die Bewegung zu etwas Neuem antreibt. Oft gelten Propheten im eigenen Lande nichts und werden verbannt. Die Bibel ist voll von solchen Geschichten. Miller gibt uns folgende Hinweise. Sie könnten ein Prophet sein, wenn ...

- Ihre Ideen weitreichend und visionär sind.
- Sie dazu bereit sind, viel Zeit und Energie aufzuopfern, um Ihre Ideen zu verwirklichen.
- Sie dazu neigen, sich für lange Zeit zurückzuziehen, um Ihre Ideen auszuarbeiten.
- Sie Möglichkeiten sehen, die andere nicht sehen, wie in Kapitel 2 erläutert.

Der Prophet von Miller entspricht dem Visionär von Moore. Der Führungsstil wie auch die Zusammenarbeit untereinander, ob bereits in einem Unternehmen oder noch nicht, ist sehr dynamisch und von der

Sache und der Vision an sich geprägt. Der Prophet oder Visionär weiß genau, was er will und wohin die Reise gehen soll. Wie Miller treffend schreibt, sind die Mitarbeiter eher Jünger. Die Story und der Spirit sind das wesentliche Kapital, mit dem der Prophet die Mannschaft zusammenhält, aber auch die Förderung von persönlicher Entwicklung. Hier von Organisation zu sprechen, ist wahrscheinlich vermessen oder zumindest verfrüht. Besser passt der Begriff, den der Ökonom von Hayek in diesem Zusammenhang eingeführt hat:[26] »Spontane Ordnung« beschreibt wohl das Zusammenwirken besser. Entsprechend fühlen sich eher jüngere Menschen in einem solchen Umfeld wohl und stören sich auch nicht so sehr an dem autoritären und anweisenden Umgangston des Propheten. Ich bin versucht zu sagen: Diesen Umgangston sind sie noch von ihren Eltern und von der Schule gewöhnt. Sie wollen lernen und sich weiterentwickeln. Auch das Potenzial der zugrunde liegenden Technologie und die Geschäftsidee an sich begeistern sie. Das ist ihnen wichtiger als Geld und Arbeitsplatzsicherheit.

Die Rolle der Führungskraft ist so angelegt. Er vertritt die Geschäftsidee und erzählt die Story. Dabei ist er bestrebt, viele Interessenten zu Projektpartnern für den Proof of Concept zu verwandeln, die bereit sind, die Innovation zu unterstützen. Er muss darüber hinaus in der Lage sein, ein Team zu rekrutieren und zu leiten, um ein erstes Projekt aus seiner Vision oder Technologie zu starten und hoffentlich erfolgreich zu beenden. Beides ist sehr schwer. Ob sein Team zu seinen »Jüngern« mutiert, sei dahingestellt, aber die Wahrscheinlichkeit ist groß. Die Führungsqualität ist oft bestimmt durch den typischen Alpha-Treiber, der sein Team in den Schatten stellt und selbst als hellster Stern strahlt.

Das Zeitalter des Barbaren

Die Propheten, die Unternehmen gründen, werden bald von Barbaren abgelöst oder werden selbst zu Barbaren, die Feldherren, deren Willensstärke die Kräfte in der jeweiligen Situation bündelt. Die Idee und Inspiration ist nicht genug. Jetzt ist entschlossenes Handeln gefragt, um ein Unternehmen aufzubauen. Jedes neue Unternehmen befindet sich in einer Phase der Krise. Wenn ein Unternehmen ums Überleben kämpft, hat das mehr mit einem Krieg zu tun, als viele Führungskräfte erkennen. Die Fähigkeit, schnell, diszipliniert und mit einheitlicher Energie und Anstrengung zu handeln, ist laut Miller der Schlüssel zum Erfolg. Seiner Ansicht nach ist dies der Führungsstil, der für den Sprung über den Graben erforderlich ist. Auch hier sind sich Moore und Miller sehr einig. Moore verwendet für den Sprung ebenfalls ein sehr martialisches Bild, er vergleicht ihn mit der Landung der alliierten Streitkräfte in der Normandie im Zweiten Weltkrieg.
Miller zufolge könnten Sie ein Barbar sein, wenn ...

- Ihr Auftrag eindeutig und vordringlich ist. Erfolg oder Untergang ist die höchste Devise.
- Sie das Heft des Handelns in der Hand halten und gerne selbst entscheiden.
- andere Ihnen vorwerfen, dass Sie sehr autoritär sind und sie bei Entscheidungen nicht konsultieren, Sie aber auch geduldig zuhören können.
- Sie sehr handlungsorientiert sind und wenig Geduld in Bezug auf Planung und Verwaltungsdinge haben.

Noch ist die Geschäftsidee das Maß und der Motor aller Dinge. Allerdings wird es jetzt präzise und sehr operativ. Der Führungsstil ist dem einer Kommandoeinheit sehr ähnlich. Sie als Ideengeber und Unternehmer sind letztlich verantwortlich, aber Ihre Mitarbeiter sind jetzt Ihre Mitstreiter, nicht mehr gläubige Jünger, sondern zupackende Profis mit bestimmten Fähigkeitenprofilen und Aufgabenbereichen. Die Mannschaftsstärke ist (zu Recht) noch gering und schwankt zwischen mindestens drei, meistens fünf bis sieben, aber nicht mehr als zehn Personen. Präzision und Agilität sind Trumpf. Der Führungsstil ist entsprechend. In der Ausführungsphase gibt es klare Ansagen, aber in der vorhergehenden Planungsphase kommt jeder Profi zu Wort, um sein Fachwissen einzubringen, damit später keine bösen Überraschungen drohen. Geld ist noch kein Thema, aber umsonst arbeiten Profis auch nicht. Wichtig ist die dahinterstehende Idee, das große Ganze. Deswegen betont Divine auch die Wichtigkeit, eine Bedeutung in seinem Handeln zu finden und klar zu benennen, wie in Kapitel 6 erläutert. Der Fokus liegt eindeutig auf der Marktbearbeitung und dem Liefern der 100 Prozent. Dazu wird mit Methoden des Projektmanagements gearbeitet. Der Aufbau von Infrastruktur und insbesondere Verwaltungsprozessen und einer Organisationsstruktur steht noch nicht auf der Agenda. Alle Mitarbeitenden und alle Ressourcen sind auf dieses eine Ziel ausgerichtet, auf der anderen Seite des Abgrundes anzukommen. Dementsprechend sind die Anforderungen an die Leistung sehr hoch, und wer nicht mithalten kann, wird zurückgelassen oder ausgeschlossen.

Das Zeitalter der Baumeister und Entdecker

Die Zeit des Propheten mag ein kurzer Moment in der Geschichte der Gesellschaft sein. Das Zeitalter des Barbaren sollte ebenfalls kurz sein.

Wenn die Führung einer Organisation im Zeitalter der Barbaren verharrt, wird ihr Entwicklung gehemmt. Sie muss sich weiterentwickeln und in eine Phase der Spezialisierung eintreten, eine Zeit, in der Strukturen und Systeme Gestalt annehmen und die Organisation reift. Jetzt muss die Führung einen anderen Zuschnitt bekommen. Sie muss aufgeteilt und delegiert werden und zunehmend kollaborativ sein. Die Führungskräfte müssen zwar weiterhin kreativ und agil sein, aber sie müssen sich auch zunehmend spezialisierte Fähigkeiten in den verschiedenen Leistungsprozessen des Unternehmens erwerben, in Produktion, Service, Marketing und Vertrieb. Jetzt gibt es eine Produktionsleitung und einen Vertriebschef.

Wenn dies geschieht, kann diese dritte Phase Jahrhunderte im Leben einer Zivilisation und Jahrzehnte für ein Unternehmen dauern. Die wichtigsten Führungspersönlichkeiten in dieser Phase der Spezialisierung sind der Baumeister und der Entdecker. Die Baumeister bauen die internen Kapazitäten für eine effiziente Produktion auf, während die Entdecker den Vorstoß nach außen fortsetzen, in die Märkte drängen und die Grenzen des sich entwickelnden Unternehmens oder der Kultur erweitern. In der Zivilisation errichten die Erbauer Städte, Straßen, Stauseen, Bibliotheken und Stadien; die Entdecker erobern neue Gebiete, um die Reichweite und den Einfluss der Kultur durch die Integration verschiedener Menschen zu vergrößern. In Unternehmen schaffen die Baumeister die Produktionsmittel, sie machen die Produktion effizient. Die Entdecker sind unterwegs, um neue Kunden und Gebiete zu erobern, um ihre Wettbewerber zu verdrängen.

Nach Miller könnten Sie ein Baumeister sein, wenn ...

- Ihnen die »eigentliche Arbeit« in Ihrem Unternehmen Spaß macht, das heißt die Herstellung des Produktes oder die Erbringung der Dienstleistung.
- Sie gerne die Ergebnisse Ihrer Arbeit messen.

- Sie es mögen, schnell und effizient Entscheidungen zu treffen, Maßnahmen zu ergreifen und Ergebnisse zu sehen.
- Sie wissen, dass Sie kein Visionär sind und auch nicht viel Zeit damit verschwenden, von der Zukunft zu träumen.
- Sie keine Ausschüsse und Meetings mögen, wo man Zeit mit Reden verschwendet.

Sie könnten ein Entdecker sein, wenn ...

- Sie ein überzeugender und begeisterter Vermittler und Kommunikator sind.
- Sie manchmal das Gefühl haben, dass Sie mehr für Ihre Kunden arbeiten als andere in Ihrem Unternehmen, die eher Hindernis als Unterstützung zu sein scheinen.
- Sie glauben, dass Ihr Unternehmen der Expansion eine hohe Priorität einräumen sollte.
- Sie neugierig sind und von Natur aus nach neuen Möglichkeiten für Ihr Unternehmen suchen.
- Sie es lieben, den aktuellen Punkte- oder Tabellenstand zu ermitteln, und Sie von Natur aus wettbewerbsorientiert sind.

Auch hier liegt die Analogie zu Moore auf der Hand. Baumeister und Entdecker sind Pragmatiker. Die habe ich bereits beschrieben. Ihr Unternehmen befindet sich im Zeitalter des Bauens und Entdeckens, wenn Ihre Produkte oder Dienstleistungen nachweislich einen Wettbewerbsvorteil bieten. Dann wird Ihr Unternehmen schnell wachsen. Sie arbeiten jetzt rentabel und können das erforderliche Personal einstellen, um Managementsysteme wie zum Beispiel die ISO 9001 und die dazu benö-

tigte IT-Infrastruktur zu implementieren, damit Ihre Geschäftsabläufe routiniert und stabil vonstattengehen. Die Ablauforganisation, wie Sie diese in Ihrem Businessplan dargestellt haben, wird jetzt (erst) Realität. Sie stellen mehr Mitarbeiter ein, und die Aufgaben werden immer spezieller. Personalentwicklung, Human Resources, ist das zentrale Thema, Effizienz das Gebot und dementsprechend ist der Führungsstil gemeinschaftlich und partizipativ, ganz im Sinne der oben dargestellten komparativen Kostenvorteile. Es besteht ein hohes Vertrauen in die Zukunft, aber gänzlich anders als zu Zeiten des Propheten. Jetzt wird gutes Geld verdient und die Arbeitsplätze sind sicher. Der Spirit der Anfangstage ist nun nicht mehr so wichtig, dennoch wird er gerne zu bestimmten Anlässen beschworen. Innovationen dienen eher der Effizienzsteigerung und der Verbesserung der Markt- und Wettbewerbsposition. Diese Situation hat man, allgemein gesprochen, vor Augen, wenn man über Wirtschaft und Unternehmen spricht. An diesem Zustand orientieren sich auch die Politiker. Das hat vermutlich zwei Gründe. Der erste ist sehr handfest: Hier werden Arbeitsplätze geschaffen und neue Steuereinnahmen generiert. Der andere Grund liegt meiner Erfahrung nach darin, dass die Politiker die anderen Marktphasen und deren unternehmerische Akteure überhaupt nicht wirklich kennen, davon gehört haben sie schon.
Die Rolle der Führungskraft ist hier anders angelegt als in den vorangegangenen Marktabschnitten. Eine Führungspersönlichkeit ist gefragt, die die Macht teilt, die Menschen führt und nicht das Wachstum treibt. Wie gesagt, Personalentwicklung ist das zentrale Thema. Die Führungspersönlichkeit ist bestrebt, die unteren Ebenen der Organisation in deren Aufgaben zu unterstützen. Entsprechend ändern sich die Führungsqualitäten. Die Führungskraft wird eher zu einem Coach oder Mentor, der ein Team von Führungskräften rekrutiert, die wiederum befähigt sind, andere zu führen.

Das Zeitalter der Verwalter

Miller zitiert hier zu Beginn der Beschreibung den Gründer von IBM, Thomas Watson senior. »Whenever an individual or a business decides that success has been attained, progress stops.« Die tägliche Herausforderung liegt immer häufiger im Inneren des Unternehmens und in der Organisation und nicht in der äußeren Umgebung und dem Markt. Zunehmend versuchen die Führungskräfte, Ordnung in das Chaos der diversifizierten Organisation zu bringen, die in der vorherigen Phase entstanden ist. Zahlen und Daten, Systeme und Strukturen sind tonangebend und mehr und mehr werden die Abläufe in der Verwaltung bei allen Überlegungen vorherrschend. Führungskräfte werden aus der Gruppe der Verwaltungsangestellten rekrutiert. Mit der Zeit, wenn die Verwalter das Sagen haben, werden Zahlen, Datenerfassung und Statistik wichtiger als die Substanz und der Geist der Kreativität, wenn es um Antworten auf äußere Herausforderungen geht. Dazu kommt, dass der Fokus mehr auf internen als auf externen Herausforderungen liegt. Diese eher schleichende und damit ungesteuerte Verlagerung des Fokus der Führungskräfte, wenn man diese noch so nennen kann, bereiten den Weg hin zu einer Bürokratie. Miller fasst es so zusammen: Sie könnten ein Verwalter sein, wenn ...

- Sie Ihre Karriere in den Stabsfunktionen des Unternehmens begonnen haben.
- Sie sich für einen Experten in den Verfahren, Prozessen und Systemen der Verwaltung halten.
- Ordnung, Konsistenz und reibungslose Abläufe für Sie eine hohe Priorität besitzen.
- Sie mehr Zeit für das Studieren von Finanz- und anderen Berichten als für Überlegungen zur Marktentwicklung Ihrer Produkte aufwenden.

Die Verwalter bezeichnet Moore als die Konservativen und Sie befinden sich vornehmlich im Marktabschnitt der Einkaufsstraße in der Fußgängerzone. Sie sind auf Ihrem Markt gut etabliert und zuversichtlich, dass die Kunden weiterhin von Ihnen kaufen werden. Es gibt kaum ein Gefühl der Dringlichkeit oder Krise. Ich habe Ihnen diese Gruppe nicht wirklich vorgestellt. Für unsere beiden Fragestellungen sind die Vertreter dieser Gruppe insofern relevant, als dass Sie in der Lage sein sollten, diese zu identifizieren und vor allem nicht mit den Pragmatikern zu verwechseln. Sie dürfen in Ihrer Anfangsphase Ihre knappe und wertvolle Zeit nicht mit dieser Zielgruppe verschwenden. Die Konservativen und Verwalter werden keine Innovation auf Projektbasis kaufen, selbst wenn sie über die finanziellen Mittel verfügen.

Zurück zum Führungsstil. Finanzen sind das große Thema, deswegen auch die Strukturen und die Systeme, um Sicherheit zu gewährleisten. Bloß kein Risiko! Ähnlich sieht das Führungsverhalten aus. Der Spirit alter Tage ist schon lange verblasst und wird höchstens mitleidig belächelt. Handeln wird eher kritisch gesehen. Es ist klüger, ein mögliches Risiko zu vermeiden. Nichts (Risikoreiches) zu tun lohnt sich für alle, vom Topmanager bis zum Abteilungsleiter. Der Umgangston, die Unternehmenskultur ist formal und hat Ge- und Verbotscharakter, wobei die Anweisungen nie direkt ausgesprochen, sondern aus den Vorschriften vorgelesen werden. Ein großer Teil der Energie der Manager wird auf die Rationalisierung und Verbesserung der Verwaltungsabläufe verwendet. So interpretieren die Führungskräfte ihre Rolle. Das Unternehmen investiert in teure Büros und Mitarbeiterzentralen. Neue Produkte oder Dienstleistungen werden von der Forschungs- und Entwicklungsabteilung des Unternehmens erwartet, ohne jedoch ein Risiko einzugehen. Innovationen müssen bewährt sein. Lieber noch mal abwarten, es eilt ja nicht. Die Führung wandelt sich von einer Management- zu einer Verwaltungsfunktion. Die Größe des Teams stabilisiert sich, vielleicht nimmt sie sogar ab, da betriebliche und systemtechnische Effizienz entwickelt und umgesetzt wird.

Das Zeitalter des Bürokraten

Der Übergang von der administrativen zur bürokratischen Stufe erfolgt ohne Plan und Absicht. In der Geschichte der Organisation wurde noch nie ein Entwicklungsteam zusammengestellt, um eine Bürokratie zu entwerfen und umzusetzen. So etwas geschieht einfach. Sobald die Führungsperson in ihrer Ordnungsliebe immer mehr Kontrolle ausübt, wird sie zu einem Bürokraten und verliert das Verständnis für das ursprüngliche Ordnungsprinzip, nämlich die dem Unternehmen zugrunde liegende Geschäftsidee oder den Geschäftszweck, *la raison d'être.* Miller zufolge führt nun der Mangel an Kreativität zur Handlungsunfähigkeit oder Ohnmacht auf den Märkten. Das Überleben hängt von Kostensenkung und weiterer Kontrolle ab. Jeder mit der Fähigkeit zur Kreativität, also potenzielle Propheten, die genau das Heilmittel besitzen, das so dringend benötigt wird, werden lieber ins Exil getrieben oder gekreuzigt, weil sie gegen die Ordnung agieren. Mit dem Schwinden der Kreativität ist das Schicksal des Unternehmens besiegelt. Der Niedergang wird bald zum Ende führen.
Keiner will es sein, aber Sie könnten ein Bürokrat sein, wenn ...

- Sie die meiste Zeit in Sitzungen damit verbringen, zu überprüfen, was bereits geschehen ist oder passieren sollte.
- Sie sich nicht erinnern können, wann Sie das letzte Mal an der Entwicklung eines neuen Produktes oder einer Dienstleistung beteiligt waren und
- Sie nicht glauben, dass dies Ihre Aufgabe ist.
- Sie sich mehr Gedanken darüber machen, wie Sie und Ihr Unternehmen von Wall-Street-Analysten gesehen werden als von Ihren Kunden.
- Sie glauben, dass eine strengere Kontrolle viele der Probleme Ihres Unternehmens lösen wird.

- Sie mehr Zeit mit den Managern in der Zentrale als mit den Managern und Mitarbeitern in den Bereichen Vertrieb und Produktion verbringen.

Bei Moore gibt es diese Gruppe nur am Rande: die Nachzügler. Auch wenn diese Unternehmen sich finanzkräftig präsentieren, sind sie für unsere Ausgangsfragestellung bei der Vermarktung einer Technologie und der Entwicklung eines Geschäfts überhaupt nicht relevant. Wenn diese Gruppe unsere Produkte kauft, sollten wir bereits unsere nächste Innovation über den Abgrund auf der Kegelbahn platziert haben, denn solche Unternehmen wachsen mehr durch Akquisitionen als durch interne Produktentwicklung. Entsprechend wurden diese Unternehmen in den letzten drei Jahren mehr als einmal reorganisiert. Die Führungsmannschaft interessiert sich mehr für die internen Herausforderungen des Unternehmens als für die Geschehnisse auf den Märkten. Sowohl die Mitarbeiter als auch die Manager fühlen sich nicht in der Lage, das Unternehmensschicksal noch zu ändern, und sprechen gerne über die »guten alten Zeiten«, als die Dinge noch aufregend und lustig waren. Die Führung ist sehr autoritär. Mitarbeiter schelten, auch vor anderen, ist Usus. Wer nicht spurt, wird abgemahnt.

Das Zeitalter des Aristokraten

Die Führungsmannschaft leitet ihre Macht von einer gewissen Legitimation ab, die sich durch die Verantwortung für das Unternehmen ergibt. Diese Legitimation ist nun verloren gegangen, weil die Manager aufgehört haben, ihre Aufgaben zu erfüllen. Es gibt keine Führung, keine gemeinsame Vision und keine Verbindung von Tatkraft und Engagement zwischen den verschiedenen Akteuren und Interessen. Die Unternehmens-

kultur ist eine leere Hülle, nicht mal mehr eine abgedroschene Phrase. Miller beschreibt diese Situation sowohl mit Bezug auf eine Zivilisation als auch auf Unternehmen so. Der Zerfall der Kultur kann entweder als innere Revolution oder als Angriff eines rivalisierenden Barbaren verstanden werden. In beiden Fällen ist die Ursache dieselbe: der Verlust der sozialen Einheit durch die Entfremdung der Führungskräfte und durch den Verlust ihrer Legitimation. Dabei sind es nicht die Arbeitnehmer, die sich von ihren Führungskräften entfremden. Es sind die Führungskräfte, die sich von ihren Mitarbeitern und Untergebenen abgewandt haben. Sie sind in den 52. Stock des Büroturms gezogen und verbringen zu viel Zeit mit anderen, die ebenfalls um eine große Distanz zu den Mitarbeitern und Kunden bemüht sind. Je losgelöster die Führungskräfte sind, desto unfähiger sind sie, Herausforderungen zu erkennen und eine kreative Antwort darauf zu geben. Je abgehobener die Führungskräfte sind, desto unfähiger werden sie, Veränderungen und Probleme zu erkennen sowie eine angemessene und kreative Antwort darauf zu geben.
Laut Miller könnten Sie ein Aristokrat sein, wenn …

- Sie ein Unternehmen leiten, das seit mehreren Jahren kein neues Produkt oder keine neue Dienstleistung erfolgreich entwickelt und vermarktet hat und wenn Sie Wachstum nur durch Akquisition für möglich halten.
- Sie die meiste Zeit mit finanziellen Angelegenheiten, strategischer Planung und der Umstrukturierung des Unternehmens verbringen, nicht aber mit denjenigen, die Produkte oder Dienstleistungen herstellen oder verkaufen.
- Ihre Büros mit teuren Kunstwerken geschmückt sind, Sie einen Limousinenservice haben und Sie
- viel Zeit auf teuren gesellschaftlichen Veranstaltungen verbringen, natürlich aus geschäftlichen Gründen.

- Sie glauben, dass nur Sie und ein kleiner Kreis von Beratern in der Lage sind, die Strategie des Unternehmens wirklich zu verstehen.

Ein Pendant dieses Führungsstils gibt es bei Moore nicht. Wieso auch? Es sei denn, uns gelänge es, unsere Technologie als Kunstwerk anzupreisen. Selbst wenn finanzielle Mittel zur Verfügung stehen, werden Leute wie wir es kaum schaffen, mit unserer Idee oder Vision, die wohlwollend und interessiert zur Kenntnis genommen wird, den Aristokraten zum Visionär zu bekehren. Theoretisch könnte das vielleicht funktionieren. Jules Vernes Phileas Fogg wäre vielleicht so ein Kandidat.

In diesem Zustand des Unternehmens klaffen sowohl die Wahrnehmungen als auch die Kommunikation als auch die Erwartungen aller Akteure weit auseinander. Die Führungskräfte sehen sich selbst als unentbehrlich und fast als Synonym für das Unternehmen selbst an, während die Mitarbeiter diese überhaupt nicht mehr verstehen, sind doch ihre täglichen Herausforderungen gänzlich anders gelagert. Ein großer Teil der Zeit und Energie wird für interne Kriege aufgewendet zwischen horizontalen Einheiten und vertikalen »Klassen«. Ständig wird versucht, die Kosten zu senken und die Löhne niedrig zu halten. Es gibt einen fast permanenten Umstrukturierungsprozess. Die Führungskräfte warnen andauernd vor dem Ernst der Lage, doch ihre eigene Vergütung steigt ohne erkennbaren Zusammenhang mit dem Schicksal des Unternehmens. So fasst Miller es warnend zusammen. Vor dem Fall Roms, vor dem Zusammenbruch des Aktienmarktes 1929 und vor dem Fall von Lehman und Bear Sterns ging es den Führungskräften nicht um die Qualität der Produkte, um die Erfüllung der Kundenbedürfnisse oder um die Entwicklung innovativer Lösungen, sondern um die Cleverness finanzieller Manipulationen. Sie geht immer mit der Aristokratie einher und endet immer in Zusammenbruch und Rebellion. Die Schwierigkeit besteht darin, dass unsere Unternehmen und unsere Volkswirtschaften heute so eng miteinander ver-

flochten sind, dass der Zusammenbruch einer großen Institution oder Wirtschaft den Rest mit sich zieht.
Ich hoffe, dieser Abriss von Millers Typologie der Führungsstile war hilfreich, und ich kann nur meine Empfehlung seines Buches wiederholen. Gerade die Parallele zwischen Hochkulturen, im Englischen *civilizations*, und Unternehmen zeigt er auf sehr kurzweilige und bildende Art und Weise. Es macht Spaß, sein Buch zu lesen. Was ich Ihnen zeigen wollte, ist, wie sich in den verschiedenen Marktphasen Ihres Lebenszyklus das Unternehmen selbst, die Führungsanforderungen und die Unternehmenskultur wandeln. Ein Phänomen ist in der Tat, dass dieser Wandel in den ersten drei Phasen aktiv betrieben wird, ansonsten bleibt man stecken, während er in den anderen drei Phasen von selbst abläuft. Den Gipfel zu erklimmen, ist mühsam, hinunter geht es leichter.

Was bedeutet das jetzt für Sie konkret? Drehbuchautoren bezeichnen das, was jetzt kommen soll, als Dig Deep Down. Die Hauptfigur geht ein letztes Mal durch die Hölle und stellt dabei unter Beweis, was sie über sich gelernt hat. Damit schließt sie ihre Verwandlung ab und wächst endgültig über sich hinaus, bevor es zum finalen Showdown kommt.
Bei der Vorbereitung dieses Buches, als ich noch über den möglichen Titel nachdachte, hat mich ein von mir sehr geschätzter Unternehmer gefragt, wann ich mir selbst kündigen würde. Ich dachte zunächst: Was für eine Frage, natürlich kündige ich mir nicht! Dann erzählte er mir die Geschichte von Andy Grove, dem Mitbegründer von Intel, einem Unternehmen, das Computerprozessoren herstellt, der genau das tat. In einer Phase, als das Unternehmen in großen Schwierigkeiten steckte, fürchtete Grove, als CEO vom Aufsichtsrat entlassen zu werden, trotz seiner Unternehmensanteile. Bei Intel nennt man diese Situation SIP, *Strategic Inflection Point*, wenn ein Unternehmen aufgrund von technischen oder geschäftlichen Veränderungen plötzlich unter Zugzwang steht. Er besprach sich mit seinem Partner.

Ich glaube, es war Gordon Moore, nicht Geoffrey Moore. Beide kamen zu dem Schluss, dass der Aufsichtsrat völlig recht hatte. Vermutlich würden sie genau so handeln. Dann aber kam die Frage auf, wer denn ihr Nachfolger sein sollte. Da beide die Szene und alle Beteiligten gut kannten und zudem wussten, wo es bei Intel nicht stimmte, kamen sie zu dem Schluss, sich selbst zu kündigen und in neuer Funktion und mit neuer Verantwortung wieder einzustellen. Andy Grove hat das in seinem Buch *Only the Paranoid Survive* beschrieben.[27] Die Frage meines Gesprächspartners hatte es in sich, in der Tat. Bin ich der geeignete oder, schärfer formuliert, bin ich der bestmögliche Kandidat, um mein Unternehmen in die nächste Marktphase zu führen, wenn man noch nicht im etablierten Markt angekommen ist? Man kann diese Frage auch stellen, wenn zu befürchten ist, dass das Unternehmen den Schwung verloren hat und droht, in die Abstiegszone zu rutschen. Das ist aber hier nicht das Thema.

Wieder ein Moment der Ehrlichkeit, wieder die Gefahr, in Denkfallen zu tappen und Illusionen aufzusetzen. Als Visionär und Prophet sind Sie von Ihrer eigenen Strahlkraft geblendet. Als Barbar und Chef einer Kommandoeinheit ist Ihr Fokus zum Tunnelblick verengt. Als Baumeister bestimmt mehr die Form als die Funktion die Gebäude, es wird barock. Als Entdecker finden Sie nicht mehr in Ihren Heimathafen zurück und lassen sich an anderer Stelle oder in einem anderen Unternehmen nieder. Als Verwalter mutieren Sie zum Bürokraten. Trotz Ihres Interesses an allen möglichen Themen und Dingen erkennen Sie als Aristokrat nicht die Möglichkeiten von Technologien und Geschäft, die Ihnen gerade präsentiert werden, und hoffen auf eine gute Rente. Jetzt hilft die erste und die vierte Technik aus Kapitel 6 sowie der Rat meiner Mutter: innerer Abstand zur aktuellen Situation, ein gutes Gespräch und eine Antwort zu finden auf das, was Ihrem Leben Bedeutung verleiht. So wie Grove und Moore. Dann entscheiden Sie, ob Sie der Richtige für die anstehende Aufgabe sind, und machen es so, wie auch immer Sie entschieden haben. Auch im Aufsichtsrat oder bei kleineren Unternehmen im Beirat

oder im Gesellschafterkreis können Sie Ihren Input geben und gestalten, aber nun aus einer anderen Rolle heraus.
Wenn man Sie nun fragen würde, beispielsweise beim Verlassen der Gesellschafterversammlung, was Unternehmertum ausmacht – was würden Sie dem Fragesteller antworten? Vermutlich schauen Sie mit Ihrem inneren Auge (visualisieren können Sie jetzt ja) auf die Anfänge zurück und erinnern sich noch an die erste Ahnung Ihrer Geschäftsidee. An das Gefühl, das in Ihnen aufstieg, als Ihnen immer deutlicher wurde: Da ist etwas, da kann man etwas daraus machen. An das Sich-Durchringen, es wirklich zu wagen, und an die Erleichterung, sich entschieden zu haben. An die Freude am Loslegen und Machen, aber auch an Rückschläge und zähe Verhandlungen. An die Last der Verantwortung sowie das ständige Beobachtet- und Beurteilt-Werden. Die ersten Erfolge, die kleinen Siege und das wachsende Zutrauen in Ihre unternehmerischen Fähigkeiten. Das größere werdende Rad, das Sie inzwischen drehen. All das sehen Sie. Was also macht Unternehmertum aus? Lernen!
Was haben Sie alles seit den Anfängen gelernt? Zum Beispiel die Fähigkeit, schwierige Gespräche zu führen oder auf die Unternehmenskultur zu achten. Auf manches habe ich Sie explizit hingewiesen, anderes habe ich nur am Rande erwähnt, wie zum Beispiel betriebswirtschaftliche Grundkenntnisse. Denken Sie an das Zahlenwerk Ihres Businessplans und nun an die monatliche BWA. Der Ökonom Jochen Röpke erläutert in *Der lernende Unternehmer*[28] anhand von vier Stufen, wie Lernen und insbesondere unternehmerisches Lernen funktioniert. Er nennt es die Tiefenstrukturen des Lernens. Auf der ersten Stufe geht es um Anwendungswissen, um die tägliche Routine. Wie erledige ich die tägliche Arbeit? Effizienz ist gefragt. Wie bediene ich das ERP-Programm, wie SAP oder das CAD-Konstruktionsprogramm? Wie werden die Dinge abgelegt? Wie melden wir uns am Telefon? Das ist es, was neue Mitarbeiter in den ersten Wochen lernen müssen, bevor sie ihre Fachkompetenz für das Unternehmen nutzen können.

Eine Stufe tiefer ist der Erwerb von Fachwissen angesiedelt, das wir irgendwann in einer Ausbildung oder einem Studium erworben haben. Dieses Fachwissen speist sich aus Daten, Fakten und Anwendungsmethoden, je nachdem, was Sie gelernt haben. Programmierer sprechen Programmiersprachen, Ingenieure können die Traglast berechnen, Anwälte kennen die Prozessordnung, Ärzte die entsprechenden Medikamente und Therapien, Betriebswirte das Zahlenwerk eines Unternehmens und Physiker die Naturgesetze und zugrunde liegenden Zusammenhänge et cetera. Hier waren Sie als einer der führenden Experten in Ihrem Wissensgebiet zu Hause. Hier entstand Ihre Expertise.

Auf der dritten Stufe geht es um den Erwerb von Fähigkeiten und um das Durchsetzen und die Reflexion angeeigneten Fachwissens. Sprich, wir lernen zu lernen. An dieser Fähigkeit kommt man nicht vorbei, wenn man auf Stufe zwei etwas Neues lernt.

Die vierte Stufe ist mit dem Bewusstsein verknüpft, sich selbst zu vergegenwärtigen, was das eigene Wissen umfasst und was nicht. Was man auf welche Weise oder auf welcher Stufe gelernt hat. Es geht um die bewusste Kompetenz, aber auch um die bewusste Inkompetenz sowie um die unbewusste Kompetenz und die unbewusste Inkompetenz. Der Investor Warren Buffett hat dies als *Circle of Competence* bezeichnet. Aus diesem Bewusstsein oder dieser Wachheit, wie man in der Mediation sagt, entspringt der Impuls zu lernen, weil man nun weiß, was man lernen will, und sich dafür entscheidet. Dieses Lernen wird als Selbstentwicklung oder Selbstevolution bezeichnet. Röpke verwendet dafür den altgriechischen Begriff *Autopoiesis*, »Selbstherstellung«.

Diese Fähigkeit der Selbstentwicklung befähigt Sie, die verschiedenen Wandlungsphasen sowohl in den Marktabschnitten als auch in der internen Organisation in den vier Dimensionen des Unternehmertums bewusst zu durchleben. Mit dieser Fähigkeit haben Sie sich (vermutlich eher unbewusst) vom Innovator oder Market Maker zum Optimierer und zum Arbi-

trageur entwickelt. Sie sind nicht mehr derselbe, der Sie waren. Wenn Sie jetzt über Ihre eigene Kündigung nachdenken (auch das ist eine solche Fähigkeit), sind Sie sich dieser Fähigkeit bewusst geworden. Von unbewusster Inkompetenz zu Beginn Ihres unternehmerischen Daseins im Zuge der für Ihr Leben fundamentalen Entscheidung, es zu wagen, zu unbewusster Kompetenz bis hierher zu bewusster Inkompetenz (dann kündigen Sie sich selbst) oder bewusster Kompetenz (dann stellen Sie sich wieder ein). Diese Fähigkeit der Selbstentwicklung ist auch eine unternehmerische Fähigkeit. Vielleicht ist es sogar die alles umfassende unternehmerische Fähigkeit. Vermutlich kann man es sogar als eine neue ökonomische Funktion des Unternehmertums auffassen. Neben dem Innovator oder dem Market Maker, dem Optimierer und dem Arbitrageur nun auch der evolutorische Unternehmer.
Vielleicht hatten Sie das alles gemeint, als Sie Ihre Antwort gaben.

Wir haben es geschafft. Vielen Dank für Ihre Geduld und Ihre Aufmerksamkeit. Und denken Sie dran: Jeder Monat wird schwer. Beachten Sie immer den 15. und den 26. eines jeden Monats!
Auch wenn es gut läuft, kommt jedes Jahr mindestens einmal ein schwerwiegendes Problem, das die Existenz Ihres Unternehmens fundamental gefährdet. Meistens von dort, von wo man es am wenigsten vermutet. Wie lautet der Spruch dazu?

The last day was the easiest.

Weiterführende Literatur

- Miller, Lawrence M. (1990): *Barbarians to Bureaucrats, Corporate Life Cycle Strategies*, New York.

Ich kann mich nur wiederholen: ein großes Lesevergnügen und noch dazu bildend nicht nur in Fragen der Führung.

- Grove, Andrew S. (1996): *Only the Paranoid Survive*, New York.

Ein Klassiker der Managementliteratur, für mich die höchste Form der Selbstentwicklung und damit der Beweis, dass es keine Esoterik, sondern sehr handfest ist.

Anwendungskonzepte, aus Erfahrung gelernt:

Selbstentwicklung

Jens Corssen führt die Ideen von Mark Divine überzeugend und auf kurzweilige Art weiter, besonders gelungen sind seine Podcasts.
https://www.jenscorssen.com

NACHWORT

Zur unternehmerischen Wissensgesellschaft

Als ich dieses Buchprojekt plante und mich fragte, wie ich das, was ich sagen will, vermitteln soll, half mir ein bekannter Schweizer Wirtschaftsjournalist. Er sagte: »Philipp, stell dir vor, du bist in Hamburg in einer Bar und erzählst es einem Freund, der sich gerade nichts Besseres vorgenommen hat und bereit ist, dir zuzuhören. Das Bier zahlst du.« Mit dieser Vorstellung konnte ich etwas anfangen. Diese Szenerie erklärt den Ton, den ich in diesem Buch anschlage.

Meine Motivation, ein Buch zu diesem Thema zu schreiben, liegt in der derzeitigen allgemeinen politischen Debatte, insbesondere zur Wirtschaftspolitik. Ihr Erfolg ist unser Erfolg. Es betrifft uns alle. Zurzeit gibt es ein großes politisches Vakuum in dem Bereich wirtschaftlicher Dynamik. Die progressiveren Kräfte fokussieren mehr gesellschaftliche und globale Themen und die anderen politischen Kräfte, die wirtschaftlichen Themen durchaus zugetan sind, denken in alten Mustern, wie Abgabenlast senken, Forschung fördern et cetera. Kurz, die öffentliche Debatte dreht sich eher um das Kuchenteilen als um das Kuchenbacken, schon gar nicht mit neuen Rezepten. So merke ich es täglich selbst, wie zäh es ist, in Europa respektive in Deutschland aus Innovationen Geschäfte zu generieren, trotz aller staatlichen Förderungen. In diesem Zusammenhang wird immer wieder mal »mehr Unternehmertum« politisch gefordert. Allerdings haben wir ein sehr diffuses Bild von einem Unternehmer und von Unternehmen. Wir verlangen von Unternehmern, der Motor für Innovationen zu sein. Das sind sie aber nicht unbedingt. Es ist naiv zu glauben, dass die Forschung Innovationen hervorbringt und der Unternehmer diese dann nimmt und daraus ein Geschäft macht. Wir leiden unter diesem Begriffswirrwarr: Unternehmer ist nicht gleich Unternehmer und Innovationen sind nicht gleich Innovationen.

Ich möchte mit diesem Buch einen Entwurf vorstellen, wie wir uns in eine unternehmerische Wissensgesellschaft entwickeln könnten, in der Erkennen oder Wissen zu Handeln führt. Wir leben in einer Wissensgesellschaft. Wissen ist unser wichtigster Rohstoff. Wissensgesellschaften sind aufgrund der grenzenlosen Verfügbarkeit von Wissen sehr wettbewerbsintensiv. Der Zugang zu Wissen ist nicht mehr lokal an die jeweils forschenden Institutionen gebunden. Was in Deutschland erdacht wurde, kann in Hyderabad umgesetzt werden oder umgekehrt. Das fordert die reiferen Volkswirtschaften, wie die unsere, sehr heraus. Der komparative Kostenvorteil der reiferen Volkswirtschaften liegt bei wissens- beziehungsweise technologieintensiven Gütern. Das bedeutet, dass unser hoher Lebensstandard durch Innovationen gerechtfertigt werden muss.

Jetzt werden manche einwenden, dass trotz einer im Vergleich zu früheren Zeiten hohen Verfügbarkeit von Wissen die Entwicklungs- und Schwellenländer bisher die reiferen Volkswirtschaften nicht überholt haben. Das ist zugegebenermaßen erstaunlich. Woran liegt das? Wissen wird nur dann produktiv, wenn es zu Handlung führt – die Verbindung von Wissen und Handeln ist die aktuelle zentrale Schlüsselkompetenz, und Wissen muss sich in Geschäft wandeln. Staatliches Handeln ist nur bedingt hilfreich – mehr als Fundament, aber nicht als Protagonist. Denn wenn der politische staatliche Zwang oder der Anreiz entfällt, erlischt auch das entsprechende Handeln. Wenn hingegen eine echte Nachfrage entsteht nach dem Angebot, das aus dem Wissen resultiert, dann können wir – im wahrsten Sinne des Wortes – von Nachhaltigkeit sprechen.

Allerdings hemmt die zurzeit vorherrschende Trennung und Spezialisierung zwischen Forschung und Wissenschaft auf der einen und Umsetzung wissenschaftlicher Erkenntnisse auf der anderen Seite die Innovationstätigkeit. Die herkömmliche Input-Logik, das heißt die Wissenschaft als klassischer Zulieferer der Wirtschaft, dauert aufgrund der vielen Stakeholder und deren jeweiligen Interessen, Risikoabwägungen und Verantwortungsbereichen sehr lang, wenn denn überhaupt ein Transfer gelingt. Erschwerend kommt hinzu, dass die Nutzer dieser neuen Erkenntnisse oft wissenschaftlich gebildet sein müssen. In einem solchen Umfeld müssen die Erzeuger dieser Erkenntnisse, diejenigen mit einer Expertise, also Sie (!), dieses Wissen auch praktisch durchsetzen und zur Anwendung bringen. Eine wahrhaft gigantische Aufgabe mit hohem Gefahrenpotenzial. Deswegen sind Ihre unternehmerischen Fähigkeiten entscheidend für Ihren Erfolg und unseren Wohlstand. Mit Wohlstand meine ich nicht nur die materielle Versorgung, sondern auch Lebensqualität an sich, sowohl für uns als Individuen als auch für uns als Gemeinschaft dieser Welt.

Idealerweise sollten Erkenntnis, Wissenschaft und Theorie sowie unternehmerische Praxis zunehmend zusammenrücken. In der aktuellen sechsten Kondratjew-Welle wäre gerade dieses enge Zusammenrücken zwischen Wissenschaft und innovativem Unternehmertum der Schlüssel betrieblicher, regionaler und volkwirtschaftlicher Entwicklung. Auf die BioNTech-Gründer hatte ich bereits in Kapitel 1 hingewiesen. Sie sind in gewisser Weise das beste Beispiel, hin- und herpendelnd zwischen wissenschaftlichem Erkenntnisgewinn und wirtschaftlicher Wertschöpfung, diese Schnittstellen in ihrer gesamten Komplexität zügig im eigenen Kopf und im eigenen Unternehmen überwindend.

Wissen entsteht eben nicht wie ein vorhandenes Produkt, zum Beispiel ein Kuchen oder Auto, zu deren Herstellung man bestimmte Zutaten und

Gerätschaften benötigt. Wissen folgt nicht, wie in der Ökonomie gelehrt wird, entsprechend einer sogenannten Produktionsfunktion einer quantitativen Input-Output-Logik: mehr rein – im richtigen Verhältnis –, mehr raus. Wissen entsteht durch Versuch und Irrtum, durch Fragen, deren Antworten noch nicht bekannt sind, und letztlich durch Veränderung von Arbeitsweisen. Wenn man so will, entsteht Wissen durch die Veränderungen des »richtigen Verhältnisses«, sodass bestimmte Inputs gar nicht mehr benötigt werden. Eine Eisenbahn ist keine lange Reihe hintereinandergespannter Kutschen. Jeder kennt genug Beispiele dieser Art.

Dieser Denkansatz ist nicht neu. Formuliert hat ihn Joseph Schumpeter bereits in den Zwanzigerjahren des letzten Jahrhunderts: »Wenn wir nicht die Faktormengen, sondern die Form der Funktion verändern, dann haben wir Innovation.« Jochen Röpke hat dies hervorragend und umfassend erklärt. In seinem Verständnis ist eine auf Wissen basierte wirtschaftliche Entwicklung eine aus dem wirtschaftlichen und sozialen Gefüge selbst erzeugte Entwicklung. Diese wirtschaftliche Entwicklung offenbart sich in qualitativen Veränderungen, in neuen Kombinationen und vollzieht sich im kommerziellen Durchsetzen dieser neuen Kombinationen. Übertragen auf das Unternehmertum heißt das: Unternehmer werden nicht aus Inputs erzeugt, sie evolvieren aus sich selbst, jeweils mit den ihnen gegebenen Ressourcen. Hier könnte man Verbindungen zum asiatischen Denken des Taoismus und Zen-Buddhismus sehen, wie Röpke weiter ausführt.

Wenn neues Wissen nachhaltig genutzt werden soll, muss es sich in ein Geschäft transformieren lassen. Diese Transformation ist der Nukleus, aus dem das Unternehmertum entsteht. Zurzeit liegt der Fokus der (Wirtschafts-)Politik selektiv auf einzelnen Branchen und wirkt damit lediglich strukturerhaltend, den Status quo konservierend.

Eine wirkliche Wirtschaftspolitik, die nachhaltig künftigen Wohlstand garantiert, sollte jedoch dafür sorgen, dass sich durch Kenntnis und Integration der verschiedenen wirtschaftspolitischen Ansätze und Konzepte die Innovations- und Evolutionsmechanismen entfalten können. Mit Blick auf das Unternehmertum formuliert: Eine solche Wirtschaftspolitik existiert nur dann, wenn die Kompetenzen und Fähigkeiten in den einzelnen Unternehmerfunktionen und vor allem in der Evolution zwischen Unternehmerfunktionen verstanden und gelebt werden. Es geht um Fähigkeiten im weitesten Sinn und um unternehmerische Fähigkeiten im Besonderen.

So könnte Unternehmertum als Wirtschaftspolitik wirken. Und so könnten wir uns zu einer unternehmerischen Wissensgesellschaft entwickeln, in der Erkennen oder Wissen zu Handeln führt und die zudem attraktiv für die »Könner« von morgen ist, wie Gunnar Heinsohn Sie und Ihresgleichen nennt.

Das war meine Motivation, dieses Buch zu schreiben.

ÜBER DEN AUTOR

Dr. **Philipp Lichtenauer** ist Unternehmer in der Plasmatechnologie sowie Vorsitzender des Kuratoriums des Fraunhofer Instituts IST. Der promovierte Volkswirt war zunächst als Manager auf internationalem Niveau für den Technologiekonzern Philips tätig. Seit seinem Wechsel in das Unternehmerlager vor 20 Jahren hat er mehrfach gegründet und Gründungen begleitet.

ANMERKUNGEN

1 Christensen, Clayton (2016): *The Innovator's Dilemma: When New Technologies Cause Great Firms to Fail*, Boston.

2 Eigene Anpassung nach der Vorlage von Mark Casson and Nigel Wadeson, Entrepreneurship and Marcoeconomic Performance, *Strategic Entrepreneurship Journal*, 1: 239–262, 2007

3 Wittgenstein, Ludwig (1921): *Tractatus logico-philosophicus*, Wien.

4 Dobelli, Rolf (2011): *Die Kunst des klaren Denkens*, München.

5 Knight, Frank (1921): *Risk, Uncertainty and Profit*, Boston, New York.

6 Moore, Geoffrey (1991): *Crossing the Chasm*, Boston, revidiert 1999 und 2014.

7 Moore, Geoffrey A. (1996): *Das Tornado-Phänomen*, Wiesbaden.

8 The Whole Product, aus: Moore, Geoffrey (1991): *Crossing the Chasm*, Boston, revised 1999 und 2014.

9 Aragon, Lawrence (2018): *The NYC VC and Big VC and campus*, in: Redherring.com.

10 Hammer, Michael (2000): *The Reengineering Revolution*, New York.

11 Hayek von, Friedrich August (1996): *Die Anmaßung von Wissen*, Berlin.

12 Barber, Felix/Goold, Michael *(2005): The strategic secret of private equity*, Harvard Business Review.

13 Moore, Geoffrey (2008): *Dealing with Darwin,* Portfolio.

14 Peters, Tom (2000): *Der Innovationskreis*, München.

15 Watzlawick, Paul, mit Beavin, Janet H. und Jackson, Don D. (1969): *Menschliche Kommunikation – Formen, Störungen, Paradoxien*, Bern.

16 Peters, Tom (1982): *In Search of Excellence,* New York.
17 Moore, Geoffrey (1991): *Crossing the Chasm*, Boston 1991, revised 1999 und 2014.
18 Weißbach, Rafael (2016): *Wie alt werden Unternehmen in Deutschland?* Rostock.
19 Feser, Claudio (2011): *Serial Entrepreneurs*, New York.
20 Kahneman, Daniel (2012): *Schnelles Denken, langsames Denken*, München.
21 Duckworth, Angela Lee (2017): *GRIT. Die neue Formel zum Erfolg: Mit Begeisterung und Ausdauer ans Ziel*, Gütersloh.
22 Divine, Mark (2015): *Unbeatable Mind*, New York.
23 Bono de, Edward (1999): *Six Thinking Hats,* New York.
24 Ricardo, David (1821): *On the Principles of Political Economy of Taxation*, Graphyco Editions Book.
25 Miller, Lawrence M. (1990): *Barbarians to Bureaucrats, Corporate Life Cycle Strategies*, New York.
26 Hayek von, Friedrich August (2003): *Recht, Gesetz und Freiheit*, Tübingen.
27 Grove, Andrew S. (1996): *Only the Paranoid Survive*, New York.
28 Röpke, Jochen (2002): *Der lernende Unternehmer*, S. 261ff.

Haben Sie Interesse an unseren Büchern?

Zum Beispiel als Geschenk für Ihre Kundenbindungsprojekte?

Dann fordern Sie unsere attraktiven Sonderkonditionen an.

Weitere Informationen erhalten Sie bei unserem Vertriebsteam unter **+49 89 651285-252**

oder schreiben Sie uns per E-Mail an:
vertrieb@m-vg.de

REDLINE | VERLAG